鯱《しゃち》もなかの逆襲

金なし
コネなし
従業員なし

明治40年創業
老舗和菓子屋
奇跡の復活劇

元祖鯱もなか本店
古田憲司

ONE PUBLISHING

はじめに

コロナ禍で売上が激減し、資金なし、業界のコネなし、従業員もゼロだった廃業寸前の老舗和菓子屋が、わずか3年で売上を10倍にした秘訣、ご興味ありませんか？

はじめまして。元祖 鯱《しゃち》もなか本店 専務取締役の古田憲司と申します。私たちの店は、妻の花恵が代表取締役を務めており、夫婦二人三脚で切り盛りしています。

看板商品は「元祖 鯱もなか」。その名の通り、名古屋のシンボルである金のしゃちほこをかたどったもなかです。いまでこそ多くの店舗で扱ってもらっていますが、数年前までは地元である名古屋でも、ほとんど名前が知られていないお菓子でした。明治40年創業という歴史がありながら、です。しかも、コロナ禍で売上が激減し、先代は長い歴史に幕を閉じる決断をしていました。

それが、僕たち夫婦が4代目として跡を継いでからここ3年ほどで、『Yahoo!ニュース』で取り上げられ、たくさんのメディアから取材を受け、将棋のタイトル戦である棋聖戦の勝負おやつに選ばれ、さらに、ももいろクローバーZさんとのコラボ商品を販売するという、にわかに信じられない出来事が次々と起こっています。ファンの方々が作ってくださった「鯱もなか」の非公式ソングやダンスまで誕生しました。

そのようなこともあって、売上はどん底時の約10倍になりました。本当にラッキーの連続だったと思っています。けれども、ここ数年で起きた出来事は単なる奇跡で片付けられるものではないとも思っています。

愛知県一宮市で生まれた僕は、大学時代から音楽活動にのめり込み、インディーズですがCDデビューをしました。

新卒で入った会社はブラック企業で、心身ともにすり減らす日々を送りました。フリーターや無職だった時代もあります。

大企業の子会社で働いていたときは、グループ会社含めて7万人のうち年間3組しか手にすることができない社長賞を取りました。不動産業で起業もしました。

そんな体験を通して、弱い側のさまざまな痛みを身を持って知りました。

また、会社員時代に営業のノウハウを叩き込まれ、相手の懐に入っていく方法やキーパーソンの見極め方というビジネスの基本を身につけることができました。

このような過去の体験は、僕にとってかけがえのない大きな財産になっています。


とはいえ、和菓子店を継ぐなんて、正直、僕の人生で1ミリも考えていなかったこと。事業承継のやり方も、和菓子店の経営方法もわかりません。

何もかもがわからない状態からのスタート。しかも、先代夫婦と僕たち夫婦以外、従業員はゼロ。赤字続きだったので、資金もない。ないモノづくしの状態から、なんとか経営を立て直し、売上を大きく伸ばすことができました。


全国には、以前の僕と同じように事業承継で悩んでいる方がたくさんいることでしょう。また、何かPRしたいものがあるけれど、その方法がわからなくて困っている方もいるはずです。小さな会社や個人経営だから無理だとあきらめている方も少なくないかもしれない。

そんな方々に向けて、この本では、何も手札がない状態からいかにして認知度を高めてきたのか、僕なりのメソッド、と言っては少しおこがましいですが、工夫したことや気をつけるべきことをすべて、包み隠さずお伝えしようと思います。

一度は消えかけた「鯱もなか」が数々の奇跡を巻き起こすまでのストーリーと、今日から実践できる確実に夢に近づくための方法をお楽しみいただければ幸いです。

迷ったり悩んだりしている誰かが一歩を踏み出せるように、そして、チャンスをしっかりとその手につかめるように。

この本がその後押しとなることを願っています。

有限会社元祖鯱もなか本店　専務取締役
古田憲司

目次

はじめに 2

第1章

名古屋銘菓「鯱もなか」が消える!? 013

――跡継ぎは元バンドマンと専業主婦の若夫婦

明治40年創業「元祖 鯱もなか本店」 014／廃業を静かに決意した先代 016／引継ぎをかけた先代との攻防 018／「鯱もなか」を存続させる意義 020

Furuta's style 1

自分の価値を見直す、自己認知のススメ 023

思い込みを捨て、自らの武器を再認識せよ。

廃業準備を進め始めた先代 026／コロナ禍で売上が10分の1まで激減 027／全国から届いたお客様の生の声 030／「元祖 鯱もなか本店」4代目誕生 032／突きつけられた事業承継の現実 034

Furuta's style ❷
成功も失敗もあるけれど……
国・自治体の支援制度はもれなく活用せよ …… 037

第2章 「鯱もなか」復活への布石
——日の目を見る機会を虎視眈々と狙う

…… 043
前途多難なマイナスからのスタート 044

Furuta's style ❸
目の前の状況にとらわれない。
負の感情は排除し、やるべきことを淡々とこなす …… 046

描いたイメージ実現のためにできること 048

Furuta's style ❹
いつ注目されるかわからない。
だからこそ、事前準備を万端にせよ …… 060

鯱もなかは「古くさい？」「かわいい？」 064／鯱もなかは「幸運の神様」？ 066

Furuta's style 5
新しい価値とアピール方法をつかみ取れ。
世間の声に耳を傾けるメタ認知のススメ 068
真の目的は「プレスリリースを出すこと」 070

Furuta's style 6
ニュースは作れる。
すべての出来事をチャンスと捉えて発信せよ 072

第3章 ついにその時が来た

――運命を変えた1本の『Yahoo!ニュース』

077
初の記事掲載は、まさかの『Yahoo!ニュース』 078／想像以上の反響。やまぬ電話とスマホ通知音 080／注文殺到！ 一番人気は「鯱セット」 082／取材依頼が殺到。カギはプレスリリース 086／バズったタイミングで自ら〝中の人〟に 087

Furuta's style 7
SNSの可能性を最大限に活かす。
鯱もなか流・企業公式アカウント運用のコツ 089
鯱もなかの夢「名古屋の定番お菓子になる」 100

Furuta's style 8
有言実行。
必死に頑張れば応援者は現れる 102

第4章 雪だるま式にファンが増えていく

—— SNS発「鯱もなか」×「〇〇」のコラボ力《りょく》

105

店舗改修のためクラファンに挑戦 106 ／たった一言から巻き起こったTwitterドリーム 110 ／奇跡は連鎖する。TEAM SHACHIコラボ商品誕生 114 ／SKE48中坂美祐さんとの出会い 117 ／元SKE48野口由芽さんとの交流 120 ／「鯱もなか」が将棋 棋聖戦の勝負おやつに!! 124 ／ももクロの新アルバム コラボ企画に参加 128

Furuta's style 9
待っているだけじゃダメ！ Xでの奇跡を自ら起こす4つの秘策 133
『クローズアップ現代』に〝推し活〟テーマで出演 139

Furuta's style 10
共に成長する。「熱狂的なファン」との関係値 141

第5章 小さな事業体が戦うための秘訣

——多数の味方をつくる古田流・人脈形成術

149

未体験の世界で関係性を築くことの難しさ 150／巨人の肩に乗り、小さな事業体が勝機を得る 152／人脈は「数」より「質」を重視せよ 156／自分にないものを持っている人と親しくなる 158／仲良くなりたい相手とは短期間に3回会う 159／相手が喜びそうなものを進んで差し出す 162／何もないなら「時間」を差し出せ！ 165／決して見返りを求めない 167／人が人を呼び、人脈はさらに広がっていく 169

第6章

そして未来へ
―「名古屋肯定感」を上げる起爆剤に …… 171

目下の夢は「名古屋の定番お菓子」の座 172／売り場面積をかけた熱き戦い 174／Xトレンド解析『日本の土産菓子』第18位に！ 177／ギフトキヨスクに「鯱もなか」の看板が！ 180／名古屋城＝金のしゃちほこ＝「鯱もなか」 182／現在の元祖 鯱もなか本店の状態を再認識する 183／老舗和菓子屋としては異例のメタバース参入 186

Furuta's style 11
現状維持で満足しない。
次世代マーケティングにも積極的に取り組む …… 192
名古屋の魅力度＝〝名古屋肯定感〟を上げる 194

スペシャル対談
SKE48 中坂美祐 × 元祖 鯱もなか本店 古田憲司
地元・名古屋を盛り上げていくために、いま私たちにできること …… 198

おわりに 204

第1章

名古屋銘菓「鯱もなか」が消える!?

――跡継ぎは元バンドマンと専業主婦の若夫婦

明治40年創業「元祖　鯱もなか本店」

僕と妻が4代目を務める「元祖 鯱もなか本店」は、1907年（明治40年）に妻の曾祖父（ひいおじいさん）である関山乙松《おとまつ》が名古屋市の御園町（現在の御園通）に開いたお店です。

乙松には事業の元手になるお金はほぼありませんでしたが、資産家への奉公などをして資金を集め、なんとか開業を果たしました。なんでも、占い師に「あなたは天にも昇る人間だ！」と言われたらしく、その占い通り、あっという間に行列が絶えない人気店になったそうです。

創業当時は「ますや菓子舗《かしほ》」という店名でした。それが、1921年（大正10年）に発売した「元祖 鯱もなか（以下、鯱もなか）」が大ヒット。瞬く間に看板商品となり、ついには現在の店名になりました。

名古屋城の天守閣に鎮座する金のしゃちほこをモチーフにした特徴的なフォルムと、こだわり抜いた素材による味わい、店舗で作って提供する出来立ての味が受けたのだと思います。何より、名古屋城の金のしゃちほこは、尾張名古屋のアイデンティティですから。それは令和のいまでも変わりませんよね。

その後、1945年5月の名古屋大空襲によって名古屋城や御園座（名古屋市伏見エリアにある劇場）が焼失し、うちの店も全焼してしまいますが、それでも諦めなかった曾祖父は、現在の店舗がある大須に場所を移して再スタートを切りました。以来、2代目、3代目と、ここ大須の地で店を守ってきたのです。

ところで、どうして「元祖」を名乗っているのかをご説明しておきますね。

昭和40年から50年代ごろでしょうか、いろいろなモチーフをかたどったもなかが流行った時期がありました。名古屋でも「鯱もなか」と同じような、しゃちほこの形のもなかがいくつか誕生したのです。事実、昭和の終わりごろに発売された名古屋の観光ガイドブックにも複数紹介されています。

とはいえ、うちは大正時代から販売していますから、類似した商品と差別化をするためにも「元祖」を名乗るようになったと聞いています。

その後、もなかブームは過ぎ去り、類似商品はだんだんと姿を消していきました。結果、「元祖 鯱もなか」だけが残り、いまに至ります。

廃業を静かに決意した先代

117年以上の歴史を誇る元祖 鯱もなか本店ですが、3代目であり僕の義父である関山寛は、自分の代でこの店を閉じようと決意していました。最初から、**子どもたち（妻と義兄）に店を継がせる気がまったくなかった**のです。

理由はハッキリしています。それは、店を経営することがどれほど大変なことか、先代自らが身をもって体験してきたから。

まず、この仕事には休みがありません。元祖 鯱もなか本店の商品は、大須の店舗で販売しているだけでなく、名古屋近辺の売店にも置いてもらっています。つまり、手土産需要が高いのです。そのため、旅行者や帰省する人が多い大型連休やお盆、年末年始など、世の中が休みのときこそかき入れ時です。そんな繁忙期に、製造や納品を休むわけにはいきません。

しかも、ほぼ家族経営なので、シフトで休みを取ることも難しい。

そんな大変な思いを、子どもたちにはさせたくなかった。

それが先代の願いでした。

事実、家族として先代の様子を一番近くで見てきた妻も、「小さい頃から両親が働く姿を見ていたし、本当に苦労していたのを実感していたから、**絶対に自分はやりたくないと思っていた**」と話していました。

元祖鯱もなか本店は静かに廃業に向けて歩を進めていたのです。

引継ぎをかけた先代との攻防

じつは、僕は無職だった時期があります。結婚して6年経った、2017年の話です。なかなかうまくいかない転職活動や、転職できたとしても、この先もずっと世知辛い会社員人生を送っていく未来に希望が持てず、悶々とした日々を送っていた頃のこと。とにかく時間だけはあったので、転職活動の合間に先代に教えてもらいながらお菓子作りの手伝いをしていました。

前職を辞めた後、身も心も疲れ果てていた僕は、このとき純粋に「お菓子を作ることは、食べる人を幸せにすること。直接誰かを笑顔にできる仕事って、すごく素敵なことなんじゃないか」と思いました。慣れない手つきでフィナンシェを焼きながら。

そして、お菓子作りに打ち込む先代の姿を見て、ものすごく大変な仕事だとは理解しつつも、**この道に進むのも良いんじゃないか**、素直にそう思ったのです。

そこで、まずは妻に頼んで「僕たち夫婦がこの店を継がせてもらえる可能性があるか」を先代にさりげなく聞いてもらいました。すると、返ってきたのは、「無理」のつれない一言。即答だったといいます。

しかし、諦めきれなかった僕は、今度は自ら先代に「継がせてほしい」とお願いをしました。それでも答えはノー。「手伝う程度ならいいけれど、跡を継がせるとなると別だ。無理」の一点張りでした。

少しだけお菓子作りの手伝いをしたくらいで、なぜ跡を継ぐことにこだわりだしたのか？　と疑問に思う方もいるかもしれません。

正直、この時点での僕の頭の中は、「自分の給料もない状態で、この先どうやって家族を養っていくのか？」という不安が9割を占めており、老舗を継ぐことの使命感というよりも、自分と家族のその後の人生をなんとかするために、和菓子屋を継ぐことに一縷の望みをかけていました。

しかし、ひとたび家業を継ぐ可能性を意識し始めると、僕のなかで**「この店を継ぎたい、継がなくてはいけない」という想いがふつふつと湧いてきた**のです。

その理由は、「鯱もなか」というお菓子が持っている大きな魅力にありました。

「鯱もなか」を存続させる意義

皆さんは「鯱もなか」を見て、どのような印象を持ちますか？　どんな形のお菓子かご存じない方は、ぜひこの本のカバーの写真をじっくり見てみてください。

おいしそう？
形がユニーク？
名古屋っぽい？
お土産にピッタリ？

じつは、**先代が持っていた「鯱もなか」のイメージは、「古くさい」**というものでした。3代にわたって受け継いできた看板商品ではあるものの、「こんな古くさいお菓子なんて、売れんだろう」と度々口にしていたのです。そして、妻をはじめとする家族もまた、同じイメージを抱いていたようです。

「なぜそんなマイナスなイメージを?」と思いましたが、何十年と毎日作り続けてきたわけですから、無理もない話です。正直、見飽きているといったほうが正しいかもしれません。そこに大きな価値があるなんて、夢にも思わないでしょう。だからこそ、「自分の代でのれんを下ろそう」と固く決心していたのです。

けれども、**僕は価値がないとは思いませんでした**。確かに、古い時代の雰囲気や印象が漂っているかもしれない。でも、「鯱もなか」は絶対に後世に残していくべきお菓子ではないだろうか。

僕が「鯱もなか」を守りたいと思った一番の理由は、その歴史です。

100年以上という長きにわたって愛されてきたお菓子は、それだけで大きな価値があります。**歴史は作ろうと思って作れるものではない**。他者が追従できない、最大の強みですよね。それなのに、その歴史をここで途絶えさせてしまうなんて、本当にもったいないことです。

また、その形にも魅力を感じていました。

名古屋城の金のしゃちほこは、僕たち名古屋人のアイデンティティともいえる存在です。そのしゃちほこをモチーフにした「鯱もなか」ほど、「名古屋っぽい」お菓子はなかなかありません。**まさに「名古屋」を象徴するお菓子**でしょう。

手前味噌で申し訳ないですが、細かな部分――たとえば鯱のウロコ一枚一枚や尾びれの一筋一筋に至るまで、くっきりとかたどられています。過去に販売されていた類似商品で、ここまで繊細に作られていたものはなかったと思います。最初に金型を作ってくれた職人さんには感謝しかありません。

「鯱もなか」と実際の名古屋城の金のしゃちほこを見比べてもらうと、その再現度の高さに驚かれるのではないでしょうか。「並べて一緒に写真に撮ったら、インスタ映えしそうだ」という予感もありました。

そんな、**歴史も形も魅力にあふれた「鯱もなか」をなくしてしまうのはもったいない**。そう強く思ったのです。

Furuta's style 1

思い込みを捨て、自らの武器を再認識せよ。
自分の価値を見直す、自己認知のススメ

これから事業を引き継いで大きくしていきたい、自社の製品を世に広めていきたいと思ったとき、まずやるべきことは自己認知。自らの強みをしっかりと把握することです。

歴史のある老舗店や企業が陥りがちなのは、「偏った思い込み」ではないでしょうか。

長年接してきたからこそ、自らの魅力に気づかなくなってしまう。感覚が麻痺してしまうのかもしれません。けれども、自分では当たり前だと思っていたことが、じつは他者から見ると当たり前ではないんですよね。

うちの場合は、３代にわたって家族経営で「鯱もなか」を作ってきたか

らこそ、形のおもしろさや名古屋らしさよりも、「古くさい」という印象が勝っていました。店の歴史に関しても、長く続けられたことは素晴らしいことだとわかっていたけれど、経営を続けていく大変さや、年々厳しくなる食品基準への対応といった時代の変化に合わせていくためのモチベーションを先代は保てなかったようです。

たとえば、新商品を開発したり、リニューアルしたりといった前向きなことを行う場合は、自身の強みを再発見できる良い機会になります。けれども、長年同じことを繰り返す日々のなかで周りを見渡してみたとしても、自己認知が偏り、本来の価値を見失ってしまいます。やはり「慣れ」と「思い込み」が原因なのだと思います。

僕は、バンドマンやさまざまな規模の企業で社員として働いたり、はたまた起業をしてみたり、あまりほかの人にはないような、バラエティに富んだ経験と知識を積み重ねてきた自負があります。

和菓子の製造や販売についてはまったくの素人でしたが、そんな部外者の視点を持っている僕が経営に参画するようになったからこそ、先代や家族が当たり前すぎて見過ごしていた「鯱もなか」の魅力に気づくことができたのです。

もちろん、外からの視点がなかったとしても、自己認知を意識的に行うことで、自分の価値を見直すことはできます。

自分が持つ強みは何か。人に誇れる価値は何なのか。

いま一度探してみてください。あなたが見落としていた「何か」が、必ずあるはずです。それを武器にしていきましょう。

廃業準備を進め始めた先代

先代の「自分の代で店をたたむ」という気持ちは変わることなく、2019年を過ぎた頃から、少しずつ廃業の準備が進んでいきました。

新商品の開発は完全にストップ。商品を置いてもらうための新規営業もやめました。製造などを手伝ってくれていたパートさんにも事情を伝え、契約更新をしないことで話をしていました。

結果、**働き手は先代夫婦の2人だけに。業績は、2005年のピーク時（愛・地球博の開催年）と比べると半分以下**になっていました。

いつ店を閉じるのか。

じつは、子どもたちに跡を継がせないことは決めていた先代でしたが、廃業する時期はハッキリとは決めていませんでした。

というのも、自分の体が動くうちは、規模は小さくても続けようと考えていたからです。還暦を過ぎ、65歳を迎えても、幸いなことに健康に過ごすことができ、元気に店を続けていました。

あえて閉店の日を決めず、できるだけ続けようとしていた先代の胸の内には、やはり元祖 鯱もなか本店を途絶えさせることに対して、迷いがあったのでしょう。

しかし、70歳になり、年齢的にも体力的にも、いよいよ店を閉じるときが近づいてきたことを本人も僕たち家族も感じていました。

ついに、「鯱もなか」が消えてしまう。そんなとき、世界を震撼させる出来事が起こったのです。

コロナ禍で売上が10分の1まで激減

2020年、新型コロナウイルス感染症の世界的な蔓延。この未曾有の事態によりマスク生活を余儀なくされ、不要不急の外出は控えなくてはいけなくなりました。

人々の行動は制限され、飲食店や観光業界が大打撃を受けたことは記憶に新しいでしょう。もちろん、**元祖 鯱もなか本店も大きな影響を受けました。**

うちの商品は、約7割を駅やサービスエリア、空港、百貨店などの小売店に卸していて、大須の本店で販売をしているのは、ほんの一部です。そのため、コロナ禍で土産需要が一気に激減し、みるみるうちに在庫の山ができてしまったのです。**売上は、コロナ前である2019年の3分の1、最盛期と比較すると10分の1にまで落ち込みました。**小さな規模ながらも、愛情を込めて作ってきた我が子のように大切な商品。それが山のように残っている現実。

「70年生きてきて、こんな居たたまれない気持ちになったのは生まれて初めてだった」

先代はいまでも顔を歪めてそう語ります。

もはや、これまでか。

誰もが諦めかけたそのとき、**それまで沈黙を貫いていた妻の花恵が動いた**のです。

「久しぶりに店の裏にある工場に立ち寄ったとき、賞味期限の近づいた商品がうずたかく積み上げられている様子を目の当たりにしました。正直、跡を継ぐつもりはなかったので、店の様子を見に行くこともほぼなかった。でも、このとき偶然目にした光景には衝撃を受けてしまって。父と母が一生懸命作った商品を、なんとか捨てないで済む方法はないか……、誰かに食べてもらえないか……、そう考えました」（花恵・談）

じつは、コロナウイルス感染拡大の直前、人手が足りないからと妻が売店特設コーナーの売り場作りを任されたことがありました。妻はもともとデザインの勉強をしていたので、売り場に貼るポスターを作ってみたところ、「こんなすごいものが作れるなんて！」と言って、お義父さんもお義母さんもすごく喜んでくれたのです。

妻にとって、何よりうれしい言葉でした。そしてこの経験が、「在庫の山で困っている両親をなんとか助けたい！」という想いに繋がったのです。

全国から届いたお客様の生の声

売れ残りをすべて廃棄してしまうくらいなら、**安くてもいいから一人でも多くの方に食べてもらいたい**。そんな妻の想いから、僕たちはある挑戦をすることにしました。

コロナ禍によって売れ残りを抱えて困っている事業者が特別価格で販売し、消費者が「買って応援、食べて応援」するというコロナ支援サービス『WakeAi（ワケアイ）』に出品してみることにしたのです。

もしかしたら、「鯱もなか」を買ってくれる人が少しでもいるかもしれない。販売ページには、コロナ禍で行き場のない在庫が山積みになっていること、そして、店の経営がとても苦しいことを記載しました。義父母の想いが伝わるように。

すると、**なんと200件近い注文が入った**のです。

また、『WakeAi』は、購入者がコメントを入れられるシステムだったので、ありがたいことに「鯱もなか」を食べた人からの感想がコメント欄に続々と届き始めました。

味に関する感想が多かったのですが、同じくらい寄せられたのが、**「鯱もなかの歴史を守ってください」「これからも鯱もなかを作り続けてください」**という温かな**エール**でした。

繰り返しになりますが、売店に卸して販売してもらうことがほとんどだったので、これまでお客様の声を直接聞く機会はほとんどありませんでした。

それが、名古屋だけでなく、全国各地のお客様が「鯱もなか」を購入してくれて、さらに、次々と生の声が届くようになったのです。**こんなにも「鯱もなか」は愛されていたのか。**初めて買ってくれた方の心も動かすような商品だったのか。

これはもう、僕たち家族だけの問題ではない、**「鯱もなか」を愛してくださる方たちの想いに応えなくてはいけない。**そんな使命感に駆られるようになったのです。

「元祖 鯱もなか本店」4代目誕生

2021年1月、まだまだコロナ禍真っ只中で不安も多い時期でしたが、僕たち夫婦はほぼ廃業寸前の元祖 鯱もなか本店を引き継ぐことに決めました。

引継ぎにずっと反対していた先代でしたが、全国のお客様からの声を聞き、やはり心が動いたようです。最後には「鯱もなかを頼む」と継ぐことを許してくれました。

こうして、4代目の社長に妻の花恵が就任。僕は専務取締役として妻を支えながら、経営方針などを固めるための黒子に徹することにしました。というのも、この時点での僕は会社員から独立して不動産業を行っていたので、両輪でうまく経営していけたらと考えていたのです。

先代は完全引退をせず、製造現場でサポートをしてくれることになりました。とはいえ、いつまでも先代を頼るわけにはいきません。すでにある商品については作り方を教えてもらえるけれど、今後は新商品なども開発していきたい。そうなると、製菓の知識と技術が必要です。そこで、妻が製菓の専門学校に通い始めました。

この製菓学校で、「鯱もなか」の価値を再認識する機会を与えてもらったと妻は話します。看板商品となるお菓子を作ることはものすごく難しいことで、1代で看板商品をひとつ作ることができたら、それだけですごいこと。その**看板商品が2代3代と続くことは、奇跡みたいなもの**。ここに通っている人は皆、そんな看板商品を作りたいと考えているのだと、製菓学校の先生から聞いたというのです。

そう考えると、うちの店は4代にわたって続いてきた「鯱もなか」という商品があります。さらには、「金しゃちパイ」や「鯱サブレー」など、「鯱もなか」と並ぶ看板商品も出てきています。

やはり、**元祖 鯱もなか本店はほかにない強みを数多く持っている**。妻のおかげで改めて確信することができました。

突きつけられた事業承継の現実

夫婦で4代目として店を盛り返していく。突如として、**近年社会的な課題となっている「事業承継」の当事者となった**わけですが、正直右も左もわからない状態でノウハウも皆無。途方に暮れた僕は、先代夫婦と妻と一緒に名古屋商工会議所が運営している事業承継・引継ぎ支援の相談窓口を訪ねることにしました。

そこで事業承継をするためにどうしていけばいいのかを担当者に相談したのですが……、結論から言うと、すぐに起死回生に繋がるような有効なヒントは得られませんでした。

もちろん、担当者はいろいろと親身になって話を聞いてくれました。でも、結果としてあまり役に立つ情報は得られなかった。「事業承継」はさまざまなケースがあり、一筋縄ではいかないことを実感しました。

いまの時代、事業承継で悩みを抱えている人は少なくありません。事業承継・引継ぎ支援センターの相談者数の推移を見ても、この10年で15倍近く相談件数が増加していることがわかります。

事業承継は、**親族に承継する親族内承継**、親族以外の**従業員に承継する従業員承継**、第三者へ株式譲渡や事業譲渡により承継する**M&A（Mergers and Acquisitions：合併・買収）**のケースの3種類あります。

うちの場合は親族内承継にあたるので、まずは現状抱えている課題やマーケットの状況を見える化して、具体的なアクションプランを出していくように相談窓口の担当者から言われたのですが、ここにひとつ難しい点があると感じました。それは、**当事者（事業を譲渡する側）がかなり高齢であるケースが多い**、ということです。

どうしても専門用語が多くなりますし、昔ながらのやり方で店を切り盛りしてきた先代夫婦が経営上の課題やマーケットを把握しているかと問われても、思うような回答ができない。正直、専門家からのヒアリングが成り立たないのです。そのため、一言で**ビジネス用語は横文字が多い点も、高齢者が戸惑ってしまう要因だと思います。**アクションプランを作るといっても、なかなか難しかったのが実状でした。

じつはM&Aに関しても、相談には行きました。行ったのですが……、こちらもまたうまくいきませんでした。

担当者に提出したのは会社の決算書です。意図的に事業を年々縮小していたので、決算書上は債務超過になっていたからでしょうか。「元祖 鯱もなか本店という会社には価値がない」、そう言われてしまったのです。

自分の代で店を閉めようとはしていましたが、日々誇りと愛情を持って経営していた先代。長年努力してきたこと、お客様に愛される商品がたくさんあることに関しては担当者にまったく見てもらえず、**債務超過の数字だけで判断され、価値がない会社であると切り捨てられてしまった。**この事実に、先代は相当なショックを受けてしまいました。しばらくふさぎこんでしまい、笑顔がなくなってしまったほどです。

藁にもすがる思いで相談に行ったものの、深く心を傷つけられ、帰宅の途についたのでした。

Furuta's style 2

成功も失敗もあるけれど……

国・自治体の支援制度はもれなく活用せよ

事業承継の相談窓口では、思うような回答や提案が得られず、むしろ悔しい思いを味わうことになってしまいました。

しかし、やはり国や自治体の窓口はできるだけ活用するべきであり、事業者支援のさまざまな制度についてあらかじめ知っておいた方がいいでしょう。

ご存じの方も多いと思いますが、「補助金」は主に経済産業省や地方自治体の管轄。申請後に審査が行われ、通らない場合も多々あります。一方、「助成金」は主に厚生労働省が管轄しており、条件さえ満たしていれば、ほとんどの場合が採択されます。

それぞれ給付額も大きく違いがあるので、まずはリサーチです。僕も、できる限りインターネットで調べたり、専門書などを読んだりしました。

また、商工会議所の会員になることで、補助金の情報が入手しやすくなったり、各種相談がしやすくなったりします。年会費はかかりますが、得るものはあるでしょう。

今回は、働き方改革推進支援助成金制度を使って、店にPOSシステムつきのレジを導入することができました。さらに、後に述べるようなECサイトの改修も行うことができましたし、「鯱もなか」のキーホルダーやTシャツなど販促のためのグッズも作ることができました。

とはいえ、すべてがうまくいくとは限りません。むしろ、思い通りに進まないことの方が多いかもしれません。

たとえば、事業再構築補助金やものづくり補助金の申請に関しては、ものすごく大変な思いをしました。じつは、コンサル会社の協力を得て必死で申請書を作って提出し、一旦は採択されたんです。

けれども、注意すべきだったのが、補助金が入金されるタイミング。事業再構築補助金の場合、申請→採択→交付申請・交付決定→事業実施→実績報告→補助金の請求・交付という流れです。つまり、採択されてすぐに補助金が受け取れるわけではなく、事業実績を報告し、承認されてから2週間〜2か月後にようやく、指定した口座に補助金が振り込まれます。そのため、入金されるまでの間にかかる資金は自分で調達しなくてはなりません。

数千万円規模の話になれば、それだけ資金調達のハードルは高くなります。国や自治体がGOサインを出した事業だとしても、銀行はそう簡単に大きな額を貸してはくれないのです。

結局、申請してから2023年夏までの約2年間、あらゆる手をつくしましたが、事業を始めるための資金が用意できずに時間切れとなりました。

しかし、コンサル費をはじめ、そこまで動いていたことへのさまざまな請求は発生するため、多額のマイナスだけが手元に残ってしまったのです。

そんな地獄を味わうようなつらい思いをしたのは、きっとうちだけではないはず。事実、経営者の仲間たちからも同様の苦しい話をいくつも聞いています。

あくまでも僕の経験上ですが、金額が大きい補助金は、採択されるのも、採択に向けた資金面の準備も難しいということはお伝えしておきます。

商工会議所などの担当者に相談しながら自分でも勉強をして進めるか、もしくは、コンサル会社に依頼するか。コンサル会社に依頼する場合は、手数料がかかりますし、会社によって能力が大きく異なります。本当に信頼できる相手を見つけることが極めて大切なことだと、強く念押しさせてください。

このように、いろいろな要素が絡むことではありますが、やはり、国や自治体の支援制度はできるだけ活用するべきだと思います。もし採択されたら、事業の可能性はぐんと広がりますから。

申請できる制度はすべて利用し、「もらえるものはもらっておく」の精神でいきましょう！

第2章

「鯱もなか」復活への布石

――日の目を見る機会を虎視眈々と狙う

前途多難なマイナスからのスタート

名古屋商工会議所の事業承継の相談窓口に行っても良い策が見つからず、前途多難ななかで引き継いだ元祖 鯱もなか本店4代目の仕事。

最盛期には20名ほどいた従業員も、引き継いだ当時はゼロ。先代夫婦と僕たち夫婦の4名のみで、製造から販売、納品をしていかなくてはいけません。しかも、お菓子を作るための大型機械を売却しており、本当にゼロから……いや、むしろ**マイナスからのスタート**でした。

まずは働き手を確保しながら、商品のラインナップを絞って、少人数でも回していけるようにすること。そして、無理のない範囲で単価を上げて、少しずつでもしっかりと利益が出るような仕組みづくりをしていくことを意識しました。

当時、僕は一人で不動産の事業もやっており、そちらはまずまずの経営状態でした。

そのため、**和菓子の事業一本で経営を軌道に乗せるというよりも、不動産事業の収入を柱としながら、なんとか店を立て直していこうと考えていたのです。**

早速、不動産事業の方で従業員を2名雇い、店の仕事も手伝ってもらうようにお願いするという策を講じました。具体的には、午前中はあんこを炊き、午後は不動産事業の事務処理を行うという、なんとも不思議な業務内容でしたが、力になってくれる仲間が増えたことは、明るい未来への第一歩でした。

ほかには、不動産事業とミックスさせて、「元祖 鯱もなか本店をシェアスペース併設のお菓子屋さんにする」といったアイデアも考えました。とにかく、あの手この手を使って売上を大きくしていかなくては！ と、もがき苦しみながらも前を向いて進んでいったのです。

Furuta's style 3

目の前の状況にとらわれない。負の感情は排除し、やるべきことを淡々とこなす

従業員を増やし、少しでも利益が出るようにと動き出したものの、現実はそう甘くはありません。なかなか商品が売れない状況に、新しく入った従業員たちだけでなく、妻ですら不安や焦りを抱いていたようです。店の将来を案じてマイナスな思考に陥ってしまうのは、仕方のないことだったのかもしれません。

けれども、自分としては不安になったりするようなことは一切なく、焦りもありませんでした。「元祖 鯱もなか本店として目指すべき姿を描き、その未来に向かってやるべきことをする。それだけのことだと思っていたし、先代に無理を言ってまで継いだわけですから、やるしかないのです。

人は苦境に立たされたとき、目の前の状況だけを見てしまうから不安になるのだと思います。現状を正しく認識することは必要です。しかし、現実にとらわれすぎて、未来がイメージできなくなってしまっては、前に進むことはできません。

たとえうまくいかなかったとしても、「じゃあ次に何をしよう」と考えることができれば、それは失敗ではありませんよね。良くなる未来に対してアクションを起こすのみなのです。

この思考は、なかなか芽が出なかったバンドマン時代や、身も心も押しつぶされそうになりながら必死で成果を出してきた会社員時代から、心の奥底に持ち続けていたものです。

あなたは未来の姿を描けていますか？

こんなところで終わる自分じゃない。絶対に良い状況に変えていける。そう思えたのならば、自ずと次に起こすべきアクションが見えてくるはずです。

描いたイメージ実現のためにできること

妻や従業員たちの気持ちを盛り上げながら、いつか必ず「鯱もなか」が注目される日が来ることを信じて、さまざまな準備を進めました。

じつは、元祖 鯱もなか本店の復活劇において、感謝してもしきれないほどお世話になったキーパーソンが5人います。そのうちの1人が、Instagramをはじめ「鯱もなか」の広報業務を手伝ってくれている〝しなのさん〟という女性です。

しなのさんとの出会いは2021年の4月ごろ、僕が運用していたTwitterの不動産アカウントの投稿にコメントをもらったことがきっかけでした。いろいろと話を聞いてみるとさまざまな企業のアシスタント業務をしており、広報業務にも興味があるとのこと。彼女なら、これから「鯱もなか」が仕掛けていくPR活動の力になってくれるに違いない！　そう確信し、広報スタッフとして仲間に加わってもらうことにしたのです。

こうして会社員時代にマーケティングを学んだ僕と、企業のサポート経験が豊富なしなのさん、デザイン面の知識と経験がある妻の3人体制で、バズ（SNSなどを介して、消費者のクチコミによって話題となり注目が集まること）がいつ起こってもいいように、販売プロセスについて綿密に設計していきました。

ただ商品が売れるようにするだけではなく、バズという消費者の拡散力をもって「鯱もなか」の名を一気に広めていくことを目標に掲げたのです。

事前準備① 売上の礎となるECサイト構築

はじめにテコ入れしたのが、**オンライン販売の強化**です。

先代の頃から公式サイトは存在しており、申し訳程度に通販で商品を購入できるようにはなっていました。しかし、古びたデザインや、購入ページまでなかなかたどり着けない導線のわかりにくさなどが目立ち、お世辞にも購買意欲が掻き立てられるようなつくりとは言えませんでした。

そもそも元祖 鯱もなか本店の売上の7割は駅や空港などの「お土産需要」であり、残りの3割はほぼ大須にある本店での販売分。ネット通販の売上はほとんどありませんでした。裏を返せば、**一番の伸びしろはオンライン販売**だということです。

じつは、老舗企業や店舗の多くは、まだまだECサイトが整っていないのが現状です。そこで、知人に紹介してもらった専門会社に依頼して公式サイトのリニューアルを行い、インターネット上で簡単に購入できるシステムを整えました。

まずはサイトの訪問者に、「感じのいいページだな」と思ってもらい、長い時間滞在してもらえるようにしなければなりません。

老舗らしい格調を保ちつつも、現代に通じるような普遍的なイメージ、そして親しみやすい雰囲気をリクエスト。お客様視点で見て、文字や画像に違和感がないことも重要なポイントです。せっかくサイトを訪れてくれても、ほんの少しの違和感やモヤモヤが離脱に繋がります。スマホで見られることが多いため、**スマホ画面での表示も念入りにチェック**しました。

なお、この公式サイトのリニューアル資金として、小規模事業者持続化補助金を使いました。やはり、「使えるものはすべて利用すべき」です。
これで、商品を購入してもらうための入り口が完成しました。

事前準備② 購入を後押しする導線設計

ホームページをリニューアルしてECサイトのデザインが確立したら、次は**購入導線の設計**です。**サイトを訪れたお客様に対して「これを買おう！」という、価格的にちょうどいい〝入口商品〟**を置いておくことが有効だと考えました。

その頃の「鯱もなか」は、まだほとんどの方が知らない存在でしたが、看板商品なので何を置いても「鯱もなか」を買ってほしい。
とはいえ、つぶあんが苦手、あんこが苦手という方がいらっしゃることも事実です。じつは、**「鯱もなかのあんこなら食べられる」**という声をたくさんいただいています。それにはまず、一度食べていただかないと始まりません。

そこで、「鯱もなか」と焼き菓子など洋テイストの商品を詰め合わせたお試しセットを作ることにしました。その名も「鯱セット」。鯱もなか2個・鯱フレンド（フィナンシェ）2個・鯱サブレー3個・金鯱フルーツケーキ1個を詰め合わせました。

名前を見ておわかりだと思いますが、すべて「鯱」にちなんだお菓子です。元祖鯱もなか本店は、**社名・屋号・商品名のほとんどに「鯱」を冠しているので、いわば店を象徴するようなセット。お求めやすいようなお試し価格（当時1200円）に設定、さらには送料無料にして、ECサイトのトップに大きく載せました。**

簡易的な梱包なので贈答用には適していませんが、ホームページを訪れた人がそのまま離脱せず、「まずはどんなものか食べてみたい」と購入画面に進んでもらえるように設計した商品です。一つひとつのお菓子は元からあったものですが、**組み合わせを工夫したことで、とても魅力的な入口商品**となりました。

この狙いが見事的中し、「鯱もなか」が大きく話題になった際に「鯱セット」が爆発的な売れ行きを見せるのは、もう少しだけ後の話です。

事前準備③　多方面へ拡散するSNSの運用開始

次に、デザインと販売導線が整った公式サイトをより多くの方に知ってもらう必要があります。そこで取り組んだのが、**各SNSのアカウント開設**です。

総務省が発表した『令和6年版 情報通信白書』によると、日本のSNS利用者数は2023年時点で1億580万人。2028年には1億1360万人にも達すると予測されています。1億以上の人に無料でアプローチできるSNSを使わない選択肢はないでしょう。


まず外せないと考えたのは、Instagramです。

Instagramはアカウントの持っている世界観を作り込むことがカギなので、投稿の方向性を揃えるためにターゲットを20代から40代の女性に設定。

「仕事は医療事務。人間関係のストレスを抱え、仕事帰りに甘いものを求めてお菓子屋に立ち寄る25歳のA子さん」をペルソナとし、常に〝A子さんに響くような投稿〟という視点を持つように心がけました。


運用担当は、元祖 鯱もなか本店の広報担当であるしなのさんです。基本的には彼女がすべて投稿していますが、**詳細なペルソナを定めておくことで、誰が写真を撮っ**

ても、誰が投稿しても同じ世界観を維持できるようになります。複数人でInstagramを運用する場合は、特に有効なのではないでしょうか。

その他、同業者で素敵な運用をしているアカウントを研究し、良い部分を積極的に取り入れることも行いました。

並行して、X（当時Twitter）のアカウントも開設しました。

じつは、**「鯱もなか」はXで大きくなったと言っても過言ではありません。**誰でも気軽に投稿でき、瞬く間に拡散されるため、トレンドやムーブメントを起こしやすい点が特徴です。詳しいXの運用のコツについては、第3章でお伝えします。

Facebookも忘れてはいけません。

以前よりも利用者数が減ってきているとはいえ、30代以上に強く訴求できるSNSです。Instagram同様に、映える写真を用いつつ、商品情報をしっかりと盛り込む投稿を心がけています。

いまや国内最大のSNSと言われており、9700万人もの利用者に訴求できるL

INEも販促手段のひとつとして取り入れました。2019年4月に法人向けの「LINE公式アカウント」のサービスが始まり、盛り上がりを見せていたタイミングだったので、チャレンジしてみようと考えたのです。

LINEの良いところは、SNSであると同時にメッセージツールでもあるため、情報をダイレクトに相手に届けられる点です。発信内容がフォロワーに届いているか把握しづらいほかのSNSに比べて、圧倒的に訴求度が高いプッシュ型の展開ができることは大きな魅力でした。

仕様が工夫できるのも、使い勝手が良い点のひとつ。リッチメニュー(LINEの画面下にリンクなどが貼れるボタン型のメニュー)が配置できるので、公式ホームページやECサイト、ほかのSNSを訪れてもらうための強い導線になります。大須の本店を訪れると購入金額に応じてスタンプを獲得できる「スタンプカード」や、LINE友だち登録のお礼として選べるプレゼントなども用意しました。また、チャットボット(自動応答機能)を設定することで、一方通行ではないコミュニケーションが図れる点もご好評をいただいています。

その他、取り扱い店舗情報や「鯱もなか」の歴史、メディア掲載情報、オリジナルグッズ販売ページにクーポンの発行など、日々いろいろな発信をしています。

このように、**各SNSの特性を理解し、目的に応じてうまく活用しながら、公式サイトに誘導する入り口を増やしていきました。**

事前準備④　リピーターを増やす同梱物強化

ECサイトの構築と導入ができたら、次に行うべきことは**リピーターの獲得**です。「鯱もなか」が駅や空港、名古屋城などの売店に販路があるのは、古くからのお取引先の皆様のおかげです。この状態で事業を引き継げたことを先代に感謝しなくてはなりません。

一方で、直売ではないため、利益率が低くなってしまうのが難点と言えます。できるだけ多くの商品を売ることで利益が得られますが、そのためには製造に関わる人員が必要ですし、在庫を切らさないように毎日製造して納品しなくてはいけません。ここがまさに、先代が苦しんでいた部分です。

いかにコストをかけずにリピーターを増やせるか。どうにかしてLTV（Life Time Value：顧客生涯価値）を上げられないものか。

考えあぐねた末に閃いたのが、**商品に広告機能を持たせること**でした。低利益の商品をただ売り続けるのではなく、一度「鯱もなか」を買ってくださったお客様に再び帰ってきてもらえるような仕掛けを施してはどうだろうか？

目を付けたのは、商品を梱包している箱の中に入れている商品紹介のしおりです。ここに、**新しく作った公式サイトとLINE公式のQRコードを載せました。**

どんなきっかけで「鯱もなか」を手に取ってもらえたのかわかりませんが、商品に添えられたしおりにQRコードがあることで、公式サイトを見てもらえる可能性が生まれます。商品情報がしっかりと載っている公式サイトを見れば、「本店で売られている別のお菓子も食べてみたい！」、「遠く離れた名古屋の味をもう一度楽しみたい」などとオンラインでお取り寄せをしてもらえるかもしれません。

既存のしおりのデザインを流用し、空いていたスペースに公式サイトと公式LINEのQRコードを加えただけなので、ほんの少しの修正費以外コストはかかりませんし、製造工程に変更がないため大きな負担もありません。たったこれだけの試みで、**「お客様とのご縁が未来に繋がる可能性」を確実に高めることができた**のです。

もうひとつ、LTV向上のための施策を行ったのは、**「鯱もなか」の歴史のビジュアル化**です。創業から百有余年の間に起こった世の中の出来事とわが社の経営危機など、幾多の困難を乗り越えてきたストーリーをギュッと8ページにまとめてマンガ風の小冊子にしました。

「鯱もなか」というお菓子をきっかけに生まれたお客様とのご縁。そこに、僕たちのストーリーを添えることで、何か共感が生まれるかもしれない。「手土産を探しているときには、鯱もなかを」と思ってもらえるかもしれない。小冊子制作の背景には、そんな期待が込められています。

事前準備⑤　需要を見越した商品仕様の変更

「鯱もなか」の商品パッケージにも手を加えました。

従来のパッケージは、無地の外箱としゃちほこのイラストが描かれた金色の包装紙という組み合わせでした。老舗らしい格調高く豪華絢爛なイメージで、僕もとても気に入っていいます。ただ、「鯱もなか」をよく知らない人にとっては、手に取りづらいデザインなのではないかと思い至りました。**中にどんなお菓子が入っているのか、わかりづらい**のです。

そこで、名古屋城の屋根をイメージした和柄に「鯱もなか」の商品写真が載っている新しいパッケージを作りました。

白を基調とした爽やかなデザインと、包装紙ではなく箱に直接印刷されている点がポイントです。「鯱もなか」の強みであるフォルムをハッキリと見せることで、売店に並ぶたくさんの商品の中でもよく目立つようになったと感じています。事実、**パッケージ変更後の売店での売れ行きは1・5倍以上**と、順調に伸びていきました。

なお、本店とオンライン販売分については、従来の金色の包装紙のままにしています。数多くのお土産のなかから「鯱もなか」を選んでもらう必要がある売店の売り場と違って、最初から「鯱もなか」に興味があって店やサイトを訪れているお客様なので、新しいパッケージにする必要性がないからです。
むしろ、「贈答用にちょうどいい」と、格調高い金色の包装紙を喜んでくださる方が多いこともあり、今後も変えずにいこうと考えています。

Furuta's style 4

いつ注目されるかわからない。だからこそ、事前準備を万端にせよ

「自分の会社や商品がメディアに取り上げられて、急に売上がアップしないかな？」

商品販売に関わる人であれば、一度はそう思ったことがあるのではないでしょうか。

SNSが普及し、フォロワー数の多いインフルエンサーでなくとも、誰か一人の投稿がきっかけで一大ブームが巻き起こることが珍しくなくなり

ました。いつ何が起こるかわからないからこそ、一発逆転ホームランを期待したくなります。

でも、ちょっと待ってください。

ある日突然注目されるような出来事、いわゆるＳＮＳでバズったときのことを夢見るのは良いのですが、その先のことまで想像できているでしょうか？

消費者の行動として予想されるのが、まずは話題となった商品をネットで検索すること。公式ホームページを探して、どんな会社なのか、どんな商品があるのかをチェックするはずです。

そこで気に入って購入に至れば、バズをしっかり活かして、見事お客様を獲得できるという美しい流れです。最近であれば、ホームページよりもInstagramなどのＳＮＳで商品を検索する人が多いかもしれません。

では、もし自社ホームページやＥＣサイトがなかったら？

SNSのアカウントをひとつも持っていなかったら？

消費者の心は秋の空と同じくらい移り変わりが早いもの。少し検索して見つからなければ、それ以上調べるのはやめて、そのまますぐに忘れ去られてしまうことは想像に難くありません。

インターネットをあまり使わない人であれば、店舗に電話をしてくるでしょう。うちのような小さな店舗の場合、電話回線はひとつ、あっても2つでしょうから、問い合わせが殺到して電話が繋がらないという事態も想像できます。

ネットで商品が検索できない、電話も繋がらない。これでは、せっかく商品をたくさんの人に知ってもらえても購買に繋がらず、大きなチャンスを逃してしまうことになります。

また、ホームページやECサイトをしっかり整えておいたとしても、リピーターを増やすような仕組みができていなければ、一度購入してもらってもおしまい。せっかくのバズがプラスの売上に繋がらずに終わってしまうという事態も考えておくべきです。

だからこそ、まだ商品が日の目を見る前のいまがチャンス。準備は早いに越したことはありません。

元祖 鯱もなか本店も、商品が思うように売れず困っていた時期に、来たるべきときに備えて仕組みづくりを粛々と進めていました。いま考えると、あのタイミングで準備をしたからこそ、その後に起こったバズを最大限に活用して、売上と認知度を上げることができたのです。

ＥＣサイトの構築こそ、少し時間がかかるかもしれませんが、ＳＮＳのアカウントであればいますぐにでも開設できます。まずはできることから、すぐに始めてみませんか？

鯱もなかは「古くさい？」「かわいい？」

「鯱もなかは古くさい」というのが先代や家族が抱いていた印象であったことは、先ほどお伝えしました。それが、SNSの運用を開始し、少しずつお客様の声が届くようになってから、このような言葉を耳にすることが増えてきました。

「鯱もなかって、かわいいよね！」

僕自身、「鯱もなか」の形のユニークさや名古屋っぽさが全面に表れているところに魅力を感じていたものの、これまで「かわいい」と捉えたことは一度もありませんでした。**最初にこの声を聞いたとき、「はたして、かわいい、のか…⁉」と戸惑ったことは事実です。けれども、この視点が「鯱もなか」の売上を伸ばすヒントになるかもしれません。**

そこで、「かわいい」と言ってくださった方にリサーチをしてみると、単純に「名古屋城の金のしゃちほこが小さくなったミニチュアである点がかわいい」という意見に加えてもうひとつ、そのフォルムがかわいい、という意見がありました。

「鯱もなか」の見た目のかわいさに関しては、後に登場する名古屋ネタライターの大竹敏之さんが次のように評してくださったことがすべてを物語っていると思います。

「そもそも鯱というのは想像上の生き物で、頭は龍または虎と言われていて、胴体は魚、空に向かってそり返る尾を持つ姿をしています。いわゆる怪獣みたいな見た目なんですよね。デフォルメしようと思えばいくらでもデフォルメできるし、そのままリアルにもできる。だから、鯱をモチーフにした商品は、すごくリアルなものか、ものすごくファンシーな見た目に変えているかの両極端なんです。

でも鯱もなかは、どちらにも振りすぎておらず、ちょっと愛嬌がある。狙ってかわいくしたわけじゃない感じにもまた心惹かれます。本当に絶妙です」

確かに愛嬌のある顔だとは思っていましたが、こんなにも味わい深く、多くの人に受け入れられるかわいさを持っていたとは思いませんでした。「鯱もなか」のビジュアルに対する率直な感想が聞けたのも、SNSをはじめとした地道な宣伝効果によって、より多くの方に手にしていただけたおかげです。

こうして「鯱もなか」は、**僕たち家族だけでは気づくことのなかった「かわいい」という強い武器をいつのまにか手に入れていた**のです。

鯱もなかは「幸運の神様」？

さらに、お客様の声から驚くべき「鯱もなか」の魅力に気づかされました。それは、**「鯱もなかは幸運のシンボルだ」**ということです。

最初に見つけたのは、X上の「鯱もなかを食べた直後に受けた面接に合格しました！　鯱もなかは幸せを運んでくれるお菓子です」というコメントでした。

すると、ほかにも「鯱もなか」がラッキーを運んできてくれたというエピソードが続々と寄せられるようになったのです。

「お土産でもらった鯱もなかを食べたら、入手困難な推しグッズをお迎えできた！」

「東京出張の際の手土産に鯱もなかを持って行くと、100%仕事を受注できる！」

最近では、「鯱もなかの中の人（僕のことです）に会うと、翌日必ずいいことがたくさん起こる！」「中の人と話をすると、近日中に仕事で良い話が舞い込んでくる」という方も結構いらっしゃいます（笑）。その噂を聞きつけて、僕に会うためにお店まで来てくれる方も少なくありません。

僕が幸せを運ぶかどうかはわかりませんが、そもそも、**鯱は水を噴いて火事を消してくれる防火の守り神なので、縁起物と言っても間違いはない**でしょう。実際に「鯱もなか」と出会ったお客様に良いご縁が起きていることに驚きつつ、とてもうれしいことだと感じています。

Furuta's style 5

新しい価値とアピール方法をつかみ取れ。

世間の声に耳を傾けるメタ認知のススメ

第1章では、「自己認知のススメ」についてお話ししました。誤った思い込みを捨てて、自らの強みを再認識することが、自社商品を広く訴求していくうえの第一歩。まずはここから始めましょう。

しかし、自己認知に固執しすぎるのも得策ではありません。

次のステップとしては、自分の強みを大切にしながらも、世間からの評価に対して真摯に耳を傾けること。主観ではなく、第三者の声をしっかりと拾って、客観的に自分自身や自社のビジネスを捉える、つまりメタ認知が重要です。

客観的な評価を知るには、さまざまな方法があります。

うちの場合はSNSに力を入れているので、毎日のようにいただくコメントが貴重な気づきの場です。ユーザーが気軽に発信できる場であるからこそ、リアルな声が聞けますし、「鯱もなか」へのありのままの想いを知ることができます。

また、最近では想い出話を直接聞く機会も増えてきました。

「親戚が集まる年末年始やお盆には、必ず鯱もなかを食べています」という3児のお母様。「旅先の電車で、偶然隣に座った若い女性からもらったお菓子が鯱もなかだった」という老紳士。「亡くなった父の大好物で、よくお土産で買ってきてくれた鯱もなか。父の入院中もよく差し入れをしていました」と語る学生さんは、お父様との想い出の「鯱もなか」に関わる仕事がしたいと、うちの会社の採用試験を受けに来てくれました。来年の春に入社予定です。

ずっと同じものを作り、届け続けているからこそ、さまざまなストーリーが生まれてくるのだと考えます。そのストーリーをSNSやお客様の声を通じて僕らが知ることで、本来であれば当事者には見えない商品の価値を教えてもらえるのではないでしょうか。

ほかにも、顧客向けのアンケート調査や情報サイトのクチコミ評価欄も、第三者の声が聞ける貴重な場です。

他者の声を聞くことで、自らが気づかなかった強みや価値を知ることができる。メタ認知は、商品はもちろん、会社をさらに飛躍させるために欠かせないカギなのです。

真の目的は「プレスリリースを出すこと」

いつか起こるバズのために粛々と準備を進めていた元祖 鯱もなか本店でしたが、**じつは「プレスリリースを出すこと」が本当の狙い**でした。

プレスリリースとは企業や組織が発表する公式文書のことで、主にメディア関係者に向けて発信するための広報手段です。これを見たどこかのメディアが反応して取り上げてくれるかもしれません。あわよくば、取材してもらえるかもしれない。つまり、**プレスリリースを出すことが、僕としては広報活動のひとつの完成形**だと考えていたのです。

内容は、「老舗和菓子店を娘が継いだ」というトピックにしようと決めていました。では、いつ仕掛けるのか。何かしらの反響はあると思っていたので、事前に販売導線を整え、ホームページとECサイトを完成させ、公式LINEやSNSをスタートし、「鯱セット」の準備が終わってすぐにプレスリリースを発信した……、というのが実際の手順でした。

また、せっかくならインパクトのある数字があった方がいい。そこで、**ECサイトの売上が2倍になったことをフィーチャー**しました。

いまだから告白しますが、もともと売上がほぼないに等しかったECサイトなので、2倍になったといっても大した額ではありません。けれど、事実は事実ですし、引きのある数字には変わりがないので、大きなポイントにすることとしました。

廃業予定の明治創業のお菓子屋、4代目に専業主婦が就任。オンラインショップをリニューアルし、売り上げが2倍に（2021年9月3日配信）

知り合いのライターさんに依頼して作ったこのプレスリリースを、名古屋の記者クラブ、地元メディア、ネットニュース、出版社などへ発信しました。地道に、一歩ずつ。

この一通のプレスリリースが直後、ボディブローとして効いてくるのです。

Furuta's style 6

ニュースは作れる。

すべての出来事をチャンスと捉えて発信せよ

「プレスリリースなんて、うちみたいな小さな会社じゃ出せないのでは」

「大々的に報じるほどのニュースがない」と思っている方はいませんか？

どちらも誤った思い込みです。


まず、プレスリリースはどんな企業でも出すことができます。

ネット上にはプレスリリースの書き方やコツなどの情報がたくさん出ていますので、テンプレートを利用すれば誰でも作成可能です。

お付き合いがあるメディアがあれば、その担当者宛にメール送信すればいいですし、過去にまったくメディアとの繋がりがない場合は、配信代行サービスを利用するのもひとつの手です。なかには無料で利用できる配信代行サービスもあります。予算があれば、ＰＲ会社にリリースの作成から配信まですべて依頼してもいいでしょう。


そんな予算はない、という場合は、うちがやったような地道な投げ込み（配信サービスなどを用いず、各メディアのホームページに載っている問い合わせ先に送信したり、記者クラブへ直接情報を届けたりすること）作戦をおすすめします。

新聞社やテレビ局、通信社などから派遣された報道機関の記者で構成される記者クラブは、全国の県庁所在地に設置されており、それぞれのルールさえ守れば、費用をかけずにプレスリリースを投げ込むことができます。ただし、内容によっては受け付けてもらえないケースもあるので、事前に条件などをよく調べてから利用するとよいでしょう。

配信サービスを利用すれば、そのサービスに登録している多数のメディアに向けて一斉に情報を届けられますが、一方でメールが未読のままになっていることも多いと聞きます。その点、記者クラブなどを利用して一つひとつのメディアに向けてプレスリリースを届けることで、注目してもらえる率がぐっと高くなるのです。

また、伝えたいニュースがない、ということはありえません。ニュースは作れます。

うちの場合は、「廃業予定の老舗和菓子店を専業主婦だった娘が継いだ」というトピックをニュースの核とし、付随するエピソードとして、ECサイトの売上が2倍になったことを盛り込みました。
先にも述べましたが、売上が2倍になったといっても、額としては本当に微々たるもの。でも、2倍になったことは嘘ではないし、インパクトがありますよね。

売上増に限らず、日々起こるすべての出来事をニュースの根源だと思うこと。「プレスリリースにするネタ」という観点で見てみると、何かしらのグッドニュースがあるはずです。それを臆せず、堂々と発信するのです。

元祖 鯱もなか本店は、プレスリリースを出すことを目標に、あらゆる事前準備を整えました。
この綿密な計画があったからこそ、後に起こるバズを最大限に活用できたのです。

第3章

ついにその時が来た

――運命を変えた1本の『Yahoo!ニュース』

初の記事掲載は、まさかの『Yahoo!ニュース』

元祖 鯱もなか本店が感謝してもしきれないほどお世話になったキーパーソン、2人目は〝名古屋ネタライター〟大竹敏之さん。何を隠そう、**「鯱もなか」が大バズリしたきっかけである『Yahoo!ニュース』の記事を書いてくださった張本人**です。

僕がもともと大竹さんの大ファンで、偶然参加したイベントでご挨拶をしたことからご縁が生まれました。

2021年9月。熟考を重ねて作成したプレスリリースを思いつく限りのメディアに送ってみたものの、なかなか思うような反応はありませんでした。そこで浮かんだのが、大竹さんでした。さまざまな媒体で記事を書かれている大竹さんなら、懇意にしているメディア担当者を紹介してくれるかもしれない。一方的でわがままな申し出とわかっていましたが、一縷の望みを託して大竹さんにメッセージを送りました。

すると驚いたことに、その日のうちに返信があり、翌日にはお店を取材してもらえることになりました。まさかの急展開。このときのことを大竹さんは次のように語ってくれました。

「届いたメッセージを見たら、ものすごい心意気じゃないですか。古田さんは不動産業もやられていたと聞いていましたから、ほかにもっと利益を出すビジネスを知っているだろうに……、なんて(笑)。和菓子屋を営むことは、相当大変ですよ。それでも跡を継ぐと決めた。ただ想いが先走っているわけではなくて、いろいろと計画的に取り組んでいることもプレスリリースを読んでわかったので、ぜひ私に取材させてよ！連載している『Yahoo!ニュース』で記事を書くよ！　とお返事しました。

仕事柄、名古屋の和菓子屋をはじめ、喫茶店、居酒屋、うどん屋などの飲食店とも広くお付き合いがありますが、後継者が見つからず悩んでいるお店が本当に多いんです。売上減に苦しんでいるケースもあるけれど、売れていないわけじゃないのに、跡継ぎがいないために店を閉めざるを得なかったケースも多々見てきました。だからこそ、**古田さん夫妻の事例を取り上げることで、同じように後継者問題に直面している人たちを応援できるんじゃないかと思ったんです**」

こうして、まさかの『Yahoo!ニュース』記事の取材を受けることになりました。

ここで少し裏話を明かすと、妻はあまり表に立つことが好きなタイプではありません。取材時に、店を継いでからのさまざまなチャレンジについて話したのは、すべて僕でした。ですが、プレスリリースでは「専業主婦の娘が店を継ぐ」というところに焦点を当てていましたし、事実、元祖 鯱もなか本店の代表取締役は妻なので、大竹さんに相談のうえ、妻をメインとした取り上げ方をしてもらいました。その他、「廃業寸前」というネガティブなワードをあえて入れることで読者に興味を持たせている点などは、すべて大竹さんのアイデアです。

想像以上の反響。やまぬ電話とスマホ通知音

2021年9月11日午後5時過ぎ。

大竹さんから、夕方頃に記事が公開になると聞いていた僕が「そろそろかな?」とスマホを手にした瞬間、店の電話が鳴り出しました。

他のスタッフが電話応対をしていると、今度は同じ店内にいた妻のスマホが「チャ

リ〜ン」「チャリ〜ン」と慌ただしく鳴り始めました。じつはこの音、オンラインショップで注文が入った際に通知音が鳴るよう設定していたもの。

つまり、立て続けにオンラインショップで商品が売れているということです。もしかしたら、いや、きっと、記事を見た人から「鯱もなか」の注文がどんどん入っているに違いない。

「こんなに連続して通知が来ることなんて、いままでなかったね。やっぱり大竹さんの記事の効果はすごいね！」

切れ目なくかかってくる電話の対応に追われながらも、このときの僕らにはまだそんな会話ができるくらいの余裕がありました。

日付が変わって、9月12日の0時半過ぎ。

スマホの通知音は、鳴りやむどころか、さらに鳴る頻度が高まっていきます。妻は先に休んでいたので、僕は「ついに『鯱もなか』フィーバーが来た！」と一人祝杯を上げようとしていたとき、ワーケーションで京都にいるはずのしなのさんから僕ら3人のグループチャットにメッセージが届きました。

「Yahoo!のトップにうちの記事が載っています!!」

慌ててスマホで確認すると、確かに『Yahoo!ニュース』トップページのトピックスに、「鯱もなか」の記事のタイトルが！　思わずその場で「えっ！」と叫んでしまい、寝ていた妻を起こしてしまったのも仕方のないことでしょう。

『Yahoo!ニュース』に掲載された記事の中から、編集部が主要トピックにふさわしいと判断した記事がトップページに掲載されるようで、記事公開からトップページに上がるまでタイムラグがあったのは、このためだそうです。

ちなみに記事が公開された9月11日は、アメリカで起きた同時多発テロからちょうど20年目にあたる日。テロ関連のニュースが並ぶなかで、廃業寸前の和菓子屋の記事はひときわ異彩を放っていたように感じました。

注文殺到！　一番人気は「鯱セット」

そしてここから、息つく暇もないほど怒涛の展開が始まりました。

あまりの注文数に、通常ご案内している「注文後2～3日で商品発送」では確実に間に合わないため、到着遅延のお知らせを記載してもらうよう、ホームページ制作会社に連絡。せっかくのチャンスなので、クチコミやレビューが書き込める機能も実装できるように依頼しました。

記事の公開からわずか一晩で、公式LINEの登録者数は一気に300人以上増加しました。発送遅延のお知らせを一斉配信しようとするも、現状の契約プランではメッセージが送れない事実が発覚したため、至急プランをグレードアップ。公式LINEや代表メールアドレスに続々と届く激励メッセージの返信対応にも追われることになりました。

加えて、記事公開の翌日から3日間、僕には東京出張の予定が入っていたため、店は人手が足らず大パニックに。しなのさんが予定を変更して京都から名古屋に戻り、発送作業を手伝ってくれたため、なんとか事なきを得ました。

バズが来たときに備えて、あらゆる準備をしていたつもりでしたが、やはり起こってみないとわからないこともあるものですね。

このとき、**オンラインショップで1000件近い注文があった商品こそが、サイトのトップに表示されるよう設定していた「鯱セット」**でした。『Yahoo!ニュース』の記事を読んで「鯱もなか」に興味を持ってくれた人がオンラインショップを訪れ、吸い込まれるように「鯱セット」を購入……、まさに狙い通りの展開になったのです。

ちなみに、「鯱セット」は送料を抑えるため、集荷サービスのないクリックポスト（郵便ポストから発送できる日本郵便のサービス）を利用していたので、郵便局に持ち込むかポストに投函する必要がありました。日中は製造と梱包で手一杯だったため、1週間にわたって毎晩大量の荷物を車に詰め込み、名古屋市内の大きな郵便局をはしごしてポストに投函し続けたことは、いまでも忘れられません。不審者扱いされなくて本当に良かった（笑）。

最終的に、大竹さんが書いてくれた**「鯱もなか」の記事は、60万PV以上のアクセ**

スを記録したそうです。10年以上『Yahoo!ニュース』で書いてきた大竹さんの記事の中でもトップ３に入るＰＶ数とのこと。

「地元でもほぼ無名の和菓子屋の記事がここまで読まれるとは、正直予想していませんでした。名古屋ローカルの記事で10万以上のＰＶを叩き出すことは稀なんですよ。それが、あれよあれよという間に60万ＰＶを超えたんですから。

ここまでのアクセス数になったのは、たくさんの人に、『鯱もなか』と古田さんご夫妻のストーリーが共感されたからでしょうね」（大竹さん・談）

これだけ多くの方に読まれると、良い感想ばかり持たれるわけではないはずです。注目されるほど、誹謗中傷を受けやすいのがいまの世の中ですが、幸いなことに、大竹さんの記事はコメント欄を設けないスタイルでした。おかげで、批判的なコメントを目にすることがなく、僕たち家族のメンタルが保てたことは本当にありがたいことでした。

取材依頼が殺到。カギはプレスリリース

記事がバズったことをきっかけに、メディアからの問い合わせや取材依頼がどんどんと舞い込むようになりました。現在でも定期的に取材を受けますが、やはり『Yahoo!ニュース』に記事が掲載されてからの半年間ほどは破竹の勢いでした。

地元名古屋のテレビ局やラジオ局、新聞社、出版社、WEBメディアだけでなく、全国放送のキー局の番組からも取材オファーが来るようになりました。正確に数えてはいませんが、**軽く100件を超えるメディアからご連絡をいただいた**と記憶しています。

元祖 鯱もなか本店に興味を持ってくださっただけでも光栄なことでしたが、もっとうれしいことがありました。それは、僕たちが**発信したプレスリリースが非常に参考になった**と皆さん口を揃えておっしゃってくれたことです。資料が手元にあったことで、復活劇の経緯がつかみやすく、原稿が書きやすかったとのこと。

やはり、僕の考えた戦略は間違っていなかったのだと確信した瞬間でした。事前に蒔いておいた種は、ちゃんと芽を出してくれたのです。

バズったタイミングで自ら〝中の人〟に

『Yahoo!ニュース』の記事をTwitter（当時）でシェアしてくれる人も次々と現れはじめました。そこで、記事がバズったこのタイミングで、僕がTwitterの中の人を務めることにしました。なぜならば、マーケティング的にもお客様とのコミュニケーションツールとしても、Twitterに大きな可能性を感じていたから。さまざまなジャンルのユーザーやインフルエンサーがいるので、これから「鯱もなか」の名を広めていくために、さらなる活用を考えていたのです。

とはいえ、不動産事業を営んでいたときに個人アカウントで利用してはいたものの、企業の公式アカウントとしての発信は初めて。ノウハウなどもちろんありませんから、とにかく、**親しみやすく謙虚な姿勢を心がけました。**ときには、おどけた様子も見せながら。

また、この時期取り上げられたメディアでは、表に出るのはいつも妻でした。そのため、運用を始めて3か月ほどは、妻が中の人だと思っている方が多かったのではないでしょうか。

それが、リアルイベントなどに参加して僕が表に出るようになってからは、「鯱もなか」の中の人＝男性と徐々に認知されるようになりました。男性だとわかった瞬間、フォローを外されるなんてこともありましたが、**古田憲司というキャラクターを自由に出せる場所を作れたことで、この後起こるさまざまなチャンスがつかみやすくなった**と思っています。

Furuta's style 7

SNSの可能性を最大限に活かす。

鯱もなか流・企業公式アカウント運用のコツ

元祖 鯱もなか本店のこれまでの歴史と信頼を守るため、常に真面目で謙虚な姿勢で商売に取り組んでいます。それはXの運用に関しても同様です。

いまでこそフォロワー数5万5000人（2024年10月時点）、ひとつのポストに1万を超える「いいね！」がつくこともありますが、僕が運用を始めた当初はフォロワー数が100人に満たない小さなアカウントでした。そこから、お金をかけず、自分のアイデアと行動力だけで、コツコツとフォロワー数を増やしてきました。

ここでは、僕なりにXの運用で工夫してきたことをお伝えします。なお、この場合の企業公式とは、個人アカウント以外の企業・店舗・組織・団体などを指します。

X運用のコツ① 企業公式の文化に染まれ

まずは、企業公式Xの文化に馴染んでいくことが大切です。Xの世界には、何万何十万とフォロワーを持つ企業公式アカウントが綺羅星のごとく存在します。地元の有名企業も皆さんXのアカウントを持ち、それぞれ個性たっぷりの魅力的な運用をしていらっしゃいます。

名古屋お芋嬢（福陽食品）さんしかり、名鉄観光サービスさんしかり、対フォロワーや企業公式同士でとても上手にコミュニケーションをとられていて、僕の目にはキラキラした巨人に見えました。そういった憧れの企業公式さんと積極的に繋がり、中の人同士の交流を深めることで、Xという特殊な世界での振る舞い方を自然と学ぶことができるのです。

名鉄観光サービスさんに誘われて「#愛知Twitter会」に入ったことは、ものすごく大きな出来事でした。この「#愛知Twitter会」とは、Xアカウントを持つ愛知県内の企業や団体の集まりのこと。現在150社以上が参加しています。

このような企業公式の地域コミュニティに入っていると、本当に強い。常にお互いの情報を拡散し合い、助け合って、一緒にアカウントを育てていくことができます。複数のアカウントと交流をしていると、相手のタイムラインにもこちらの投稿が表示されるため、多くのXのユーザーが自然と「鯱もなか」の発信を目にすることになります。結果、フォロワー増に繋がっていくのです。

このように企業公式アカウントの先輩方に助けられ、教えを請いながら、僕なりのアカウント運用を模索していきました。

「#〜会」「#〜部」など、探してみると数多くのコミュニティがXの世界には存在します。紹介制だったり、希望すれば誰でも入れたりと参加方法は各コミュニティによって違いますが、気になるものを見つけたらぜひ参加してみることをおすすめします。

X運用のコツ② 毎日の挨拶を大切にせよ

僕は毎日、朝に「おは鯱です」、夜には「おや鯱です」という挨拶ポストを欠かさないようにしています。ほかの企業公式さんも、皆さんお決まりの台詞とともに挨拶をされていますが、この日々の挨拶が大きな意味を持つのです。

X運用には、企業公式アカウント同士の交流が欠かせないとお伝えしたばかりですが、その企業公式をフォローしてくれているのは一般のユーザー。情報収集を目的にフォローしてくれる方もいれば、交流を求めてフォローしてくれる方もいますが、どちらかというと後者が多い印象です。なので、毎日の挨拶ポストは、まさにフォロワーの方との交流の場。リアルで家族や友人と「おはよう」「おやすみ」と言い合うように、X上で挨拶を交わすことで、ぐっと距離が縮まるのです。

たかが挨拶。されど挨拶。

「鯱もなか」という存在をより身近に感じてもらえるように、そしてたくさんの方の記憶に残るようにと願いながら、毎日の挨拶ポストとお返事を続けています。

X運用のコツ③　エゴサと通知欄チェックを怠るな

毎日の挨拶のほかにも、僕が欠かさずやっていることが２つあります。検索窓に「鯱もなか」と入れてエゴサーチ（エゴサ）をすることと、「いいね！」やコメントが入るとお知らせが来る通知欄をチェックすることです。

もちろん、僕の仕事はXの運用だけではないので、四六時中タイムラインをチェックすることは不可能です。しかし、できる限り確認するようにしています。なぜならば、うちの場合は特にXでの発信が売上に直結していると常々実感しているためです。

次の章でお伝えするコラボの数々も、きっかけはすべてX。誰かが呟いた些細な一言から、元祖 鯱もなか本店の運命が大きく変わったことを何度も経験してきました。

カギは、その呟きをキャッチできるか否か。

特に、これからアカウントを育て、企業を成長させていきたいというフェーズであれば、マメなエゴサーチと通知欄チェックは何をおいても怠らないようにしましょう。

X運用のコツ④　トレンドの波に乗れ

Xでは、毎日毎時毎分毎秒トレンドが生まれています。そのトレンドにすぐに乗れるように、常にアンテナを張ってチェックすることが大切です。

現在、「鯱もなか」のX公式アカウントでは、2022年5月の投稿を固定ポストにしています。この本でお話ししているような「鯱もなか」の歴史と僕の想いを記したのですが、この投稿に2・7万いいね、1・1万リポスト、84件ものコメントがつきました。いわゆるバズった状態です。

なぜ、こんなにも注目を集めたのか。秘密は投稿したタイミングに隠されています。

前々から「鯱もなか」への熱い想いを伝えたいと考えていた僕は、ある朝、「今日こそ、この想いを投稿するぞ！」と長文を作って準備を進めていました。毎朝の日課である納品の際に名古屋城の美しい写真を撮り、「今日は気合いを入れたツイートをします」と宣言をして、より注目してもらえるような仕掛けもしておきました。

すると、なんということでしょうか。その日のお昼過ぎ、【日本人の「和菓子離れ」なぜ加速】という記事が『Yahoo!ニュース』で公開されたことをきっかけに、「和菓子離れ」というワードがXでトレンド入りしたのです。これはまさに、「和菓子離れ」へのアンチテーゼとして、僕の想いをポストする絶好のチャンス。

早速その日の夕方、冒頭に「和菓子離れ」のキーワードを入れ込み、全部で14個にも連なる渾身の長文を投稿しました。

狙い通り、Xのトレンドと相まって、僕のポストはどんどん拡散され始めました。しかし、たとえバズったとしても、トレンドの移り変わりが早いのがXの世界です。あっという間に、人々の記憶から忘れ去られてしまうでしょう。

そこで、急遽2つの作戦を考えました。

ひとつは、14のツリー（スレッド）で繋がるポストを、24時間かけて1個ずつリポストしていくこと。一度ポストしたものをリポストすることで、再びタイムラインに上げることができます。最初のポストから24時間程度はバズった状態が続くと予想していたので、その勢いを最大限持続させることが狙いです。

もうひとつは、バズが落ち着いた3日後くらいのタイミングでX上でキャンペーンを実施したこと。その名も、「フォロワー2万人大感謝」プレゼントキャンペーン。せっかくのバズをそのまま終わらせないようにしたのです。

瞬間最大風速で終わる可能性のある一時的な話題をできる限り持続させて、フォロワー増へと繋げ、「鯱もなか」の資産にする。そうして得た新たなフォロワーと、毎日のポストで交流して「ファン」へと変えていく。トレンドを常にチェックし、うまく利用することができれば、このような展開も夢ではありません。

X運用のコツ⑤　炎上だけは絶対に回避せよ

ＳＮＳで恐ろしいのは、炎上です。

そのほとんどが、不用意な発言や適切でない表現、ほんの少しの受け取り方のすれ違いから始まります。そして火種は瞬く間に大きくなり、酷い場合は自分だけでなく、家族や従業員、会社自体を危険に晒してしまう恐れがあります。

加えて、意図せず炎上に巻き込まれるケースがあることもＳＮＳの難しい点。火のないところに煙は立たぬと言いますが、ＳＮＳの場合は、火のないところにも煙が立つことがあるのです。

こんな話をすると、「炎上が怖いからＳＮＳはやめよう」と思ってしまう人がいるかもしれませんが、むやみやたらと怖がる必要はありません。SNSで地雷を踏むことなく、自分らしい発信をするために、僕が意識していることを3つお伝えします。

ひとつ目は、人を嫌な気持ちにさせるようなネガティブな発言はしないこと。もっと言うと、ネガティブに捉えられる可能性のかけらすら残さないことです。

大事なのは、「誤った解釈をされる余地のない言葉遣い」。読んだ人が不快になる可能性はないか、別の意味にも取れる文章になっていないか、誰かを持ち上げることで逆に何かを貶めることに繋がってはいないか。常に客観的な視点を持って投稿するように心がけています。

2つ目は、ネガティブな反応への対応を正しく行うことです。

日々情報を発信していると、どうしても出てきてしまうのが、投稿に対するマイナスな声。弊社の場合はほぼないのですが、それでも数か月に一度くらいは何かしらの手厳しい返信やポストに遭遇します。

感想的マイナス意見を頂戴した場合は、まずはお礼を伝えます。そのうえで、こちら側に改善の余地があるならば改善を、そうでなければ以上で終了となります。

逆に、相手の主張が明らかに間違っている場合は、すぐに訂正を依頼します。インターネット上に誤った情報が公開され、そのままになっている状態は好ましくありません。「ご指摘ありがとうございます」と述べたうえで、正しい情報を毅然と率直にお伝えします。この2つを意識しているだけで、ほとんどの炎上は回避できるのではないでしょうか。

ただし、どれだけリスクに備えていたとしても、火種が生まれてしまうことはあります。そんな最悪のケースを想定して、相談できる弁護士と契約しておくことをおすすめします。これが3つ目に僕が意識していること。元祖 鯱もなか本店では、僕ら夫婦に世代交代をして以降、顧問弁護士をつけました。

契約書の内容チェックから、胃が痛くなるようなハードな交渉の場面での一言一句の伝え方まで、なんでも相談しています。おかげで常に法的根拠を示しながら打って出ることができるので大胆なチャレンジができますし、いざというときのバリアにもなってくれます。

まずは、炎上しないような細心の注意と気配りを。そして、万が一のときにサポートが得られるような体制を。何をするにもゼロリスクはあり得ませんが、リスクをコントロール下に置くことはできるのです。

鯱もなかの夢「名古屋の定番お菓子になる」

「鯱もなか」の魅力と可能性を感じて、僕たち夫婦が先代からこの店を継いだ当初、まずは店をなんとか経営していくことで必死でした。

けれども、『Yahoo! ニュース』で取り上げてもらったことを機に、たくさんの方に「鯱もなか」を知ってもらうことができ、その結果、購入していただき、さらには応援していただけるようになりました。「鯱もなか」には僕が思っていた以上の大きな可能性がある。これまで漠然と持っていた自信が、確信に変わったのです。

そして、ある目標を定めました。それは、**「名古屋の定番と呼ばれるような存在になる」**ということ。そして、その目標を定めた瞬間から、僕は事あるごとに「名古屋の定番になりたい」とXで宣言するようになりました。

正直、どのような状態になったら目標達成なのかはわかりません。日本のお土産ランキングで上位に食い込むことかもしれないし、名古屋駅のキヨスクで売上ナンバーワンになることかもしれない。

もっともっとたくさんの方に「鯱もなか」を知ってもらうためには、やれること、やらなきゃいけないことがまだまだありそうです。

こうして元祖 鯱もなか本店は、大きすぎる夢を胸に抱き、次なるステップへと歩を進めたのです。

Furuta's style 8

有言実行。
必死に頑張れば応援者は現れる

僕がXを始めたとき、「フォロワー1万人」という目標を定めました。そしてフォロワーが290人になった段階で、こんなことをポストしたのです。

あと9710。なにがとは言いませんが、何卒っ何卒っっっ
#拡散希望

この「なにがとは言いませんが」というのは、いわゆるXの定型文のひとつで、「あえてなにがとは言わないけれど、フォローしてください」の意味です。この場合、通常であれば「あと10人！」もしくは、大きく宣言しても「あと710フォロワー！」でしょう。けれども、僕の目標はフォ

ロワー1万人だったので、高らかに「あと9710!」と宣言しました。

無謀とも冗談ともとられかねない宣言でしたが、その本気さが伝わったのか、おもしろがってもらえたこともあり、いろいろな方が拡散をしてくださいました。そして、宣言して1年経たないうちに、目標の倍であるフォロワー2万人を達成することができました。

このときに感じたのは、やはりどんなに大きすぎる夢や目標でも、ハッキリと宣言すべきだということです。

まずは、自分の中で目標を決め、他者に向けて宣言する。実現するのが難しい目標ほど、この宣言が大きな意味を持ちます。ひとたび口にしてしまったことで退路が断たれるので、もうやるしかなくなります。

一方、本気で頑張ろうとする姿を見ると、多くの人が応援したいという気持ちになるでしょう。応援者が集まることで、目標へと近づくパワーになり、良い循環が生まれます。

「鯱もなかを名古屋の定番お菓子にする」という言葉をあらゆる場所で宣

言しているのも、このためです。

なにがなんでも成し遂げたいこと、叶えたい夢があれば、ストレートにどんどん口に出していきましょう。きっとプラスに働いてくれるはずです。

第4章

雪だるま式にファンが増えていく

――SNS発「鯱もなか」×「○○」のコラボ力《りょく》

店舗改修のためクラファンに挑戦

2021年9月に『Yahoo!ニュース』で取り上げられて以降、少しずつですが「鯱もなか」の認知度が高まってきました。注力していたオンラインショップの売上は右肩上がり、2022年5月にはTwitterのフォロワーも2万人を突破。数字だけ見ると順風満帆のようですが、**じつはここで大きな課題に直面します。大須の店舗ビルの老朽化**です。

製造から販売まで一気通貫で行っているこの建物は、築50年を超える年代物の鉄筋コンクリートビル。事業を引き継いだ僕たちがこれから何十年と使っていくことを考えると、少しテコ入れしたいというのが本音でした。

改装するのであれば、**イートインスペースを併設したい**と考えていました。店を引き継ぎ、日々営業しているなかで、ご来店いただくお客様とのご縁をもっと大切にしたい、さらには、ご近所の皆さんにとって居心地の良い空間を作りたいと思うようになったからです。

思い立ったが吉日、すぐに専門家に依頼して見積もりを出してもらったところ、弾き出された額は2000万円。とてもすぐに準備できる金額ではありません。そこで、イチかバチか、事業再構築補助金を申請することにしました。（この件に関しては、第1章でお伝えした通り、じつに大変な思いをしましたが……）ただ、補助金の申請がうまくいったとしても、満額までは届きません。

そんなときに思い立ったのが、クラウドファンディングでした。

クラウドファンディング（以下、クラファン）とは、インターネットを介して不特定多数の方々から資金を調達するサービスのこと。ここ10年ほどでずいぶんメジャーになってきており、あるクラファンのサービスを通じてプロジェクトに支援した人は1000万人以上だというデータもあります。これをうまく活用できれば、イートインスペース併設も夢ではないかもしれません。

こうして2022年1月、元祖　鯱もなか本店はクラファンのプロジェクトを立ち上げました。

プロジェクト名
「創業明治40年元祖鯱もなか本店」に居心地のいい空間をつくりたい！

イートインスペースの施工費2000万円のうち、1700万円を自己資金と融資で準備し、残りの300万円の支援を募りました。リターン（返礼品）は、「鯱もなか」をはじめとするお菓子やオリジナルグッズなど。初挑戦にしてはかなり大きな金額だったので、プロジェクト開始のボタンをクリックする瞬間、「この金額で本当にいいのだろうか」と手が震えたことはいまでもよく覚えています。

スタート日の1月15日朝8時にTwitterに投稿して拡散をお願いしたところ、すぐに500件を超えるリツイートがありました。出足は好調で、開始2日で早くも達成率は20％に。このままいけば10日で100％達成だ！　などと小躍りしていたのですが、**現実はそう甘くありませんでした。達成率25％を超えたあたりで、ピタリと数字が止まってしまった**のです。

伸びない数字を見るたびに焦りが募ります。しかし、「やる！」と決めたことです。発想を広げてマインドブロックを取り払い、一人でも多くの方に支援してもらえる方法を必死で考えた結果、次の行動を起こしました。

・クラファン挑戦のプレスリリースを配信
・本プロジェクトにかける熱い想いを語った動画
・リフォームを依頼している設計担当者との対談動画作成
・目標金額を60％達成するまで夜通しYouTubeライブ配信
・リツイートされた数の10倍縄跳びをする（結果2000回跳びました！）

体を張った挑戦もしつつ、中日新聞の夕刊で取り上げてもらえたり、たくさんの方にTwitterで拡散してもらえたりしたことで、少しずつ支援額は伸びていきましたが、どうしても目標金額には及びません。

プロジェクト終了まで残り5日となった2022年2月22日、この時点での支援額は210万円（達成率70％）。**残り90万円が非常に高い壁**でした。リターンの設定金額が比較的少額なので、数名のご支援があっても全体へのインパクトが少ない、そんなご意見もいただきましたが、致し方ない話です。しかし、何としてでも目標の300

万円を達成しなくてはいけない。

ここで**僕が取った行動は、怒涛の大量ツイート**でした。

Twitterの可能性を信じ、なんとかプロジェクトを達成させるために、思いつく限りの切り口で「お願いします」と繰り返しツイートを続けたのです。

たった一言から巻き起こったTwitterドリーム

２０２２年2月24日。プロジェクト終了まで残り3日となったこの日、突如、風向きが変わりました。**強力な支援者が現れたのです。**

きっかけは、僕のお願いツイートを引用する形で呟かれた、こんなツイートでした。


—— SHACHIの出番だと思うんだ。

「SHACHI」というのは、「TEAM SHACHI(チームシャチ)」のこと。ももいろクローバーZや私立恵比寿中学の妹分として2012年にデビューした、愛知県出身の4人組アイドルグループです。このTEAM SHACHIのファンの方が、「名古屋で鯱と言えば、「TEAM SHACHI。『鯱もなか』のピンチを救うのは、TEAM SHACHIしかいないんじゃないか！」という熱い想いを込めてツイートしてくれたのです。

そこで、このツイートをさらに引用する形で、今度は僕がコメントを入れました。

――大物へのお声がけ恐れ多いですが、もちろんTEAM SHACHIさんのことは応援しております！　いつか鯱もなかを差し入れさせていただけたら嬉しいです！

そこから5時間後。なんと、僕のコメントを引用して、6万人以上のフォロワーを持つTEAM SHACHIの公式アカウントが反応してくれたのです。

――お名前出していただきありがとうございます！　ご連絡いたします！

これまでまったく接点がなかったTEAM SHACHIと元祖 鯱もなか本店がTwitter上で繋がった瞬間でした。

この一連の様子を静かに見守っていた〝タフ民〟と呼ばれるTEAM SHACHIのファンの皆さん。両者が繋がったことを「胸アツ展開」「これだからTwitterはやめられない」と盛り上がり、さらに新たな展開を見せ始めました。

タフ民の皆さんが、次々と「鯱もなか」のプロジェクトを支援してくれ、ツイートで報告してくれたのです。SNS上で「注文がキャンセルになってしまったので、商品が残って困っています」といったツイートが拡散され、多くの方が手を差し伸べている様子を見かけますが、その状態に近かったかもしれません。

そこからは、もはや訳がわからないほどの急展開。支援があるとメッセージが入るメールボックスは気づけば未読の山となり、ほぼ止まったままだったプロジェクト管理画面の数字も信じられない増え方をしていきました。

そんなお祭り騒ぎの状況でも、仕事は通常稼働です。配達や納品、営業とタスクが山盛りなうえに、この日は大きな商談を控えていたため、日中はクラファン関連のチェックができないまま、気づけば夕方を迎えていました。

ようやくその日の業務を終えて、ホッと一息ついていたときのこと。ふとスマホを見ると、今回のクラファンのサービス元であるCAMPFIREから一通のメッセージが届いていることに気づきました。これはもしや……、とはやる気持ちを抑えきれずにメッセージを開くと、そこには**「達成おめでとうございます！」**の文字。

プロジェクト終了まで残り3日。TEAM SHACHI公式アカウントとファンの方のおかげで、きっかけとなったツイートが投稿されたその日のうちに目標額を100%達成することができたのです。

その勢いのまま残り2日間も数字が伸び続け、最終日の支援総額は360万8870円。合計676名の方にご支援をいただき、**目標額の120%という夢のような結果で終えることができました。**

これぞまさにTwitterドリーム。大逆転を信じ、Twitterの力を信じて拡散をし続けたことが実を結びました。（なお、イートインスペースの設営が予定より遅れており、完成は2025年春の予定です）

しかし、この奇跡はまだ序章に過ぎなかったのです。

奇跡は連鎖する。TEAM SHACHIコラボ商品誕生

クラファンが残り3日で奇跡の目標額達成を迎えていた裏側で、もうひとつの驚くべき展開が始まろうとしていました。

Twitterでタフ民の皆さんが大盛り上がりしている最中、店にかかってきた1本の電話。相手はTEAM SHACHIのマネージャーさんでした。「ご連絡いたします！」とツイートに書かれていた通り、早速アクションを起こしてくれたのです。

実際にお会いして話を聞くと、なんでも、この年がTEAM SHACHI10周年メモリアルイヤーで、2か月後の4月に2日間のライブを予定しているとのこと。その際の目玉企画として行う**ポップアップストアで「鯱もなか」とのコラボ商品を出しませんか？　というお誘い**でした。

コラボといってもイチから商品を作るわけではなく、もともとうちで販売している「手作り鯱もなか」のパッケージをTEAM SHACHI仕様に変更した限定商品です。箱

全体をデザインして印刷するとなると時間的に厳しいですが、内箱にメンバーの写真を印刷した筒状のスリーブを被せて、スライドして開けるタイプのパッケージにすれば、納期に間に合うという話になりました。もなかの皮とあんこが別になっているので、通常の「鯱もなか」よりも日持ちがする点も、遠方からライブに参戦するタフ民の皆さんにとって良いと判断した次第です。

こうして、限定コラボ商品『手作りTEAM鯱もなか マジ感謝版』が誕生する運びとなりました。

かなり急ピッチで制作を進め、なんとか納品して迎えた10周年記念公演スピンオフポップアップショップ『colors』での初日。

売れ行きが気になって仕方がなかった僕は、ストアの場所が名古屋駅地下街ゲートウォーク内と店から通いやすい距離であったこともあり、納品時以外も足を運んで、売り場を覗いていました。

タフ民の皆さんが笑顔でコラボ商品を手に取り、レジへと向かっていく様子。そして、「Twitter上で飛び交う「買いました！」という報告ツイート。それはもう言葉で表せないほどの感動でした。

結果、**準備した『手作りTEAM鯱もなか マジ感謝版』３５０箱は１週間で完売御礼。**最後の納品時には、商品を並べているそばから売れていき、その勢いたるや、これまで経験したことのないインパクトでした。10周年記念ライブも観に行きましたが、これまた大盛り上がり。

年明けから死に物狂いで取り組んだクラファンが、本当の意味でフィナーレを迎えた気がしました。

現在も、大須の店舗にはTEAM SHACHIのメンバー全員のサイン入り限定商品パッケージが飾られており、タフ民の皆さんが続々と来店されます。Twitter上で交流が生まれ、やりとりを続けている方もたくさんいらっしゃいます。

Twitterが繋いでくれたご縁に、心の底からマジ感謝です。

SKE48中坂美祐さんとの出会い

「TEAM SHACHIの皆さんとのご縁に続き、もうひとつ、「鯱もなか」の復活劇を語るうえで忘れてはならないご縁があります。アイドルグループSKE48中坂美祐さんとの出会いです。

現在、毎週土曜の夜7時40分から10分間、『SKE48中坂美祐の元祖鯱もなかさかラジオ』(CBCラジオ)が放送されています。元祖 鯱もなか本店と中坂さんがタッグを組んで、一緒に名古屋を盛り上げていく番組です。

中坂さんとの出会いのきっかけとなった出来事は、遡ること2021年10月、知人から紹介されて、SHOWROOMというライブ配信アプリで「元祖 鯱もなか本店 イメージガール決定戦!」と銘打ったイベントを行ったときのこと。文字通り、うちの店を宣伝してくれる方を選ぼうという企画です。

そのときイメージガールに選ばれたのが、当時、名古屋16区ガールズに所属していた中りん（現在はTHE ENCOREの藤元うい）さんでした。中りんさんは、店頭のポスターなどに登場するだけでなく、さまざまな場所で「鯱もなか」のPR活動をしてくれた、まさにイメージガールの鑑のような方です。おかげで、中りんさんのファンの方々もたくさんお店に来てくださるようになりました。

その中りんさんのSHOWROOM配信を偶然視聴していたのが、SKE48中坂さん。配信中に中りんさんが食べていた「鯱もなか」がおいしそうだったからと興味を持ち、実際に中坂さん自身も購入して食べたところ、とても気に入ってくださったというのです。以降、中坂さんの配信動画には「鯱もなか」が繰り返し登場しています。

これら一連の流れを僕が知ったのは、中坂さんのファンの方がTwitterで報告していたから。さらに、中坂さんのアカウントからフォローしてもらったため、すぐさまフォローバックをしたことでご縁が生まれた次第です。ほどなくしてプライベートでも大須の店舗に来てくださいました。

ちなみに、中坂さんに「鯱もなか」のどんなところを気に入ったのか尋ねると、**「一目見ただけで名古屋っぽいところ」**とのこと。また、生まれて初めて食べたというもなかの味に、すっかり虜になってくれたようです。

その後も中坂さんと「鯱もなか」の交流は続き、2022年8月には、CBCラジオで毎週月曜夜8時30分に放送している『SKE48なるべくしゃべりたい』という番組に僕が出演する事態にまで発展。中坂さんとのご縁やファンの方がお店に来てくれていることをお話ししたところ、ほかのSKE48のメンバーも興味を持ってくれたようで、差し入れで持って行った「鯱もなか」を皆さんに「おいしい！」と言ってもらえたことは、忘れられない想い出のひとつです。

「推しと胃袋を同じにしたい」というファンが増えていると聞きますが、まさに言い得て妙。応援しているアイドルが食べている「鯱もなか」を食べたい！　とのことで、元祖 鯱もなか本店は藤元うい（中りん）さん、TEAM SHACHI、SKE48と、いつしかさまざまなアイドルのファンの方が集う聖地のような存在となりました。

奇跡のかけらはX上に散りばめられています。どんな小さなかけらでもすくい上げ、繋ぎ合わせられるか否かは、普段のSNSへの取り組みと積極的に絡んでいく行動力にかかっているのです。

元SKE48野口由芽さんとの交流

中坂さんと「鯱もなか」のご縁が生まれた過程で、じつはもうひとつのご縁が生まれていました。

2022年6月某日、店に1本の電話がかかってきました。メディアで紹介されるようになって以来、あちらこちらから営業関連の売り込み電話がかかってくるため、「またか……」と少々うんざりしていたのですが、「SKE48中坂さんとのやりとりをTwitterで見て、相談したいことがあります」とフォロワーの方に言われてしまっては、失礼な態度は取れません。状況がよくつかめぬまま、まずは会ってお話を……、とうちのお店に来てもらったのですが、約束した時間に店に現れたのは、なんとSKE48の卒業生である野口由芽さんでした。

彼女こそ、元祖 鯱もなか本店が感謝してもしきれないほどお世話になったキーパーソンの3人目です。

じつは、野口さんはＳＫＥ48を卒業後、ＣＢＣラジオに入社。ＳＫＥ48がメインパーソナリティーを務める番組の営業担当もしており、**中坂さんと元祖 鯱もなか本店が交流をしている一連の様子を見て、ぜひこのご縁を盛り上げたい！** と思ったそうです。

「最初の電話では、本当に古田さんが塩対応で……。当時、私は入社2年目になったばかりだったので、いきなり心が折れました（苦笑）。でも、「Twitter というワードを出したら少し反応が変わって、話を聞いてもらえることになったんです。やはり、ちゃんとお客様のことを知っている、見ていることを伝えるのって大事なんだなという営業の姿勢を学びましたね。

古田さんには、ラジオ番組のスポンサーになっていただけないかを提案しました。というのも、私自身がＳＫＥ48のメンバーだった頃、懇意にしてくださった企業さんが何社かいらっしゃいました。けれど、その頃はまだ個人のＳＮＳアカウントが解禁されておらず、本当はお仕事などもご一緒したかったのですが、直接交流することがないまま卒業してしまったことがずっと心残りで。

だから、中坂ちゃんと『鯱もなか』さんがＳＮＳ上で交流している様子を知り、何か仕事として形にしたい！　と強く思ったんです。

SKE48のファンの方って本当に熱意が素晴らしいんですよ。何か仕掛ければ、全力で盛り上げてくれるという絶対的な信頼と確信がありました。だからこそ、そのパワーを実感してほしくて。『鯱もなか』さんにも、SKE48にも、もちろんCBCラジオにもメリットがあるような企画を出して、検討してもらいました」（野口さん・談）

じつは、それまで「鯱もなか」が関わってきたコラボはすべて、お金がかからない自然発生的なものばかりでした。しかし、ラジオ番組のスポンサーになるということは、当然広告料金が発生します。費用対効果をはじめ、かなり慎重にならざるを得ません。けれども、中坂さんと「鯱もなか」、そしてファンの方とのやりとりがすでに複数発生していて、想像以上の話題になっていたので、そのパワーは実感していましたし、これが正式に共演が決定するとなったら、さらにファンの方が盛り上がってくれるはず。**「鯱もなか」にとっても価値があることだと考え、思い切ってスポンサーになることを申し出ました。**

結果、8月の『SKE48なるべくしゃべりたい』の単発スポットを皮切りに、野口さんがプロジェクトの一員として立ち上げた『しろくじちゃんが寝る前にほめるラジオ』（現『しろくじちゃんとアホロートルが寝る前にほめるラジオ』）というＣＢＣラジオの番組への提供、そして今年２０２４年４月からは、「鯱もなか」一社提供の『ＳＫＥ48中坂美祐の元祖鯱もなかさかラジオ』がスタートしました。

もともと僕はＳＫＥ48のファンだったわけではありません（もちろん、存在は認知していましたし、名古屋を愛する者として応援はしていましたが）。しかし、中坂さんがＳＮＳに力を入れており、積極的に行動したからこそ、非オタクの僕も心を動かされ、協力関係が生まれました。そこに、ビジネスとして真っ向勝負で営業をかけてきた野口さんがいたからこそ、いまがあると思っています。

この先、野口さんがＣＢＣラジオで上に立つポジションになり、中坂さんが選抜メンバーに選ばれたら、「鯱もなか」も一緒に成長していけるでしょう。反対に「鯱もなか」の知名度がもっともっと上がれば、お二人に返せるものがあるかもしれない。

それぞれがさらに大きくなって、Win-Win-Winの関係を目指しています。

「鯱もなか」が将棋　棋聖戦の勝負おやつに‼

期せずして、さまざまなアイドルの方々とご縁ができた元祖 鯱もなか本店ですが、なんと将棋界にも（手前味噌ながら）名を馳せることになりました。**「選ばれると全国的に話題になる」と言われている、将棋タイトル戦の勝負おやつに抜擢されたの**です。

この奇跡のきっかけも、Twitterでした。

名古屋の定番土産を目指している当店としては、もっともっと有名にならなくてはいけません。そこで、定期的にフォロワーの皆さんに「『鯱もなか』がもっと有名になるために、どんなことをすればいいと思いますか？」と尋ねているのですが、月に3度は大須の店舗に通ってくださっている常連さんがこんなツイートをしてくれました。

藤井聡太五冠（当時）におやつとして鯱もなかを食べてもらう。

このツイートが投稿されたのは2022年6月24日。

じつはこの翌月、うちの店から1・2㎞ほどの場所にある亀岳林 万松寺で棋聖戦が行われることが決まっていました。**対局者は、藤井聡太棋聖と永瀬拓矢王座。**滅多にない地元での将棋タイトル戦です。もしも勝負おやつに選んでもらえたら、この上ないビッグチャンスになるでしょう。

とはいえ、このツイートをやりとりしていた時点ではまだ、「なんらかの奇跡が起きて、対局者の勝負おやつに選ばれたらいいな」くらいの気持ちでした。しかし、何度目かのTwitterドリームが巻き起こりました。

本当に「鯱もなか」が勝負おやつに大抜擢されたのです。

事の経緯を説明すると、常連さんと僕とのやりとりが繰り広げられた当日、会場となる万松寺の公式アカウントからDMが届きました。じつは、万松寺の副住職がネットを見ていて、件のツイートを発見されたのだそう。お寺と店の場所がすぐそばということもあり、数日後には副住職が店まで来てくださいました。

話を聞くと、副住職自身も名古屋のご出身で、幼い頃にお母様と一緒にうちのお菓子を召し上がっていたようなのです。「とてもおいしかった記憶があり、名古屋を代表するおやつにピッタリなので、ぜひ今回の棋聖戦の勝負おやつのメニューに入れたい」と申し出てくださいました。

もちろん、断る理由はありません。結果、同じく大須に店舗を構えている和菓子店・青柳総本家さんの「ケロトッツォ」というお菓子とセットで、**「午前のおやつ」メニュー候補10品の中に加えてもらえることになりました。**

ケロトッツォは、こしあんのカエルまんじゅうに生クリームとクリームチーズをミックスしたクリームがサンドされている、なんともかわいらしいお菓子です。メニューでは、真ん中にケロトッツォ、その左右に「鯱もなか」を配置。名古屋らしくて、インパクトがあって、愛嬌もある。これはいよいよ本当に選ばれるかもしれないと胸が高鳴ります。そんな僕の興奮を表すかのように、棋聖戦の数日前から地元名古屋の情報番組は、どのおやつが選ばれるのかという話題で持ち切りになりました。

ただ、どれだけ周りが盛り上がっても、最終的には対局者本人が選ぶもの。選ばれたかどうかの連絡を待つのみです。

そして対局当日の朝、朗報が届きました。見事、勝負おやつに「ケロトッツォ&鯱もなか」が選ばれたのです!! この知らせを受けて、Twitterはお祭り騒ぎ。僕も一緒に喜びのツイートをし続けました。

対局の当日、会場周辺には将棋ファンの方々が集まっており、**万松寺からの帰り道に、青柳総本家でケロトッツォを購入し、その足で「鯱もなか」を買いに来てくれる人が続出。**徒歩20分ほどの距離ですが、大須を観光しがてらたくさんのお客様にご来店いただき、その日の売上はいつもの3倍以上を記録しました。

こうして、「将棋タイトル戦の勝負おやつに選ばれた」という肩書きが加わり、「鯱もなか」はまたひとつレベルアップを果たしました。

ももクロの新アルバム コラボ企画に参加

アイドルとのコラボや棋聖戦の勝負おやつに選ばれたことで、地元以外の方々にも少しずつその名を知ってもらえるようになってきた「鯱もなか」。Twitter上で非公式テーマソングが誕生したり、そのテーマソングに合わせて、遠い北海道のご当地アイドルが振り付け動画を投稿してくれたり、はたまた非公式マンガが続々投稿されたりと、**名古屋の大須を飛び出して、全国各地でさまざまな方が「鯱もなか」を愛してくださるようになりました。**

そしてついに、「鯱もなか」にとってかつてないほど大きな出来事が起こります。

2024年3月某日。公式サイトのお問い合わせフォームに1件のメッセージが届きました。この頃になると、一般のお客様からだけでなく、メディアの方やさまざまな企業の方からも連絡をいただくことが増えてきていたのですが、メッセージの内容を見て、腰を抜かすほど驚きました。**差出人が、あの「ももいろクローバーZ（以下、ももクロ）」の関係者だった**のです。

なんでも、2024年5月に発売予定の7thアルバム『イドラ』のコンセプトに合わせて、全国のご当地お土産・お菓子とコラボしたいとのこと。すでに広島県のにしき堂さんの「もみじ饅頭」が決まっているという話でした。

どのような経緯で「鯱もなか」を見つけてもらえたのかわかりませんが、こんなに名誉なことはありません。即答で「お受けします！　よろしくお願いいたします！」と返信したいところだったのですが、**ひとつ気がかりなことがありました**。それは、ちょうどこの連絡をもらった直後からSKE48中坂さんの冠番組がスタートする予定で、元祖 鯱もなか本店がスポンサーになることが決定していたからです。

どちらも、うちの店にとってこの上ないビッグニュースなので、それぞれをしっかりと世の中に伝えたい。同時期の発表になることで、インパクトが薄れてしまわないだろうか。

そもそも、SKE48とももクロは違う事務所のアイドルグループです。歌番組などで共演したり、双方のメンバー同士交流があったりしていたようですが、いわゆるバッティング・競合案件にならないだろうか？　僕は芸能関係の事情に詳しくないので、そのあたりの細かなことがわかりません。

なにより、お客様にご迷惑をおかけすることだけは避けたい。

大須の店には中坂さんのサインが飾ってあることもあり、SKE48のファンの方がよくいらっしゃいます。新しく始まる中坂さんのラジオ番組に関するアンケートも設置しようとしていました。そこに、ももクロとのコラボ商品を求めて、モノノフ（ももクロファンの愛称）の皆さんが押し寄せたら、店内が大パニックになってしまうのではないだろうか……。進め方を間違うと、いろいろな方に多大なるご迷惑をかけることになってしまいます。

過去最大のチャンスでありピンチ。なんとかして誰も傷つけることなく、みんながハッピーになれる方法はないか、徹夜で思案しました。CBCラジオの野口さんに相談をし、ももクロが所属するキングレコードの担当者の方には昼夜問わず連絡をして、慎重に話を進めました。

そうしてようやく、「ここを押さえれば、みんなが幸せになれるのでは！」という最適解を導き出したのです。

その最適解とは、**販売場所を分ける**ということ。いたってシンプルな方法ですが、きちんとした意図があります。

ももクロコラボ商品を扱うのは、名古屋駅のお土産売り場の一部と名古屋城の売店だけに絞りました。そうすることで、名古屋駅や名古屋城に足を運んでくださる方が増えることが期待できます。名古屋城の入場料や近隣飲食店、公共交通機関などにも良い経済効果が生まれれば、地元名古屋全体を盛り上げることになります。

加えて、オンラインストアでも販売し、名古屋には来られないけれどコラボ商品が欲しいという全国のモノノフの皆さんにも商品をお届けできるようにしました。

一方、大須の店舗では、ももクロコラボ商品は扱わないことに決めました。こうすることで、店内の混乱を回避することができます。常連のお客様や、いつも来てくださるSKE48ファンの方にご迷惑をかける心配もなくなります。一方で、「せっかく本店まで来たのに、ももクロのコラボ商品が買えなかった」と悲しい思いをするモノノフの方が一人も現れないように、取り扱い店に関してはできる限り多くの場所で告知をし、周知徹底するよう努めました。

あらゆる関係者の方からご意見をいただきながら、考えに考え抜いて決めたこの秘策。リリースを出すまでは本当に毎日胃が痛かったですが、そんな心配は杞憂だったようで、非常にご好評をいただいたコラボとなりました。特に中坂さんのファンの方からは、「鯱もなかに箔がつきましたね。ずっと応援してきたSKE48ファンとしてもうれしいです」というお声をいただいたほど。ホッと胸をなでおろすことができました。

今回の企画は「ももクロお土産クエスト」として、全国5つの銘菓が名を連ねることとなりました。

北海道・壺屋総本店「き花」
愛知県・元祖 鯱もなか本店「元祖 鯱もなか」
兵庫県・亀井堂総本店「瓦せんべい」
広島県・にしき堂「もみじ饅頭」
福岡県・千鳥饅頭総本舗「チロリアン」

錚々たる面々の中に「鯱もなか」が仲間入りできたことを誇りに思います。**これまで「鯱もなか」を知らなかった方に名前を知っていただき、手に取ってもらえる素晴**

らしいきっかけになりました。

思い返せば、「TEAM SHACHIから始まった「鯱もなか」のコラボ企画が、いつのまにかTEAM SHACHIと同じ事務所のお姉さん分である、ももクロとのコラボ企画にまで到達していました。なんだか不思議なご縁を感じます。

ももクロのアルバムとのコラボ商品は、僕にとって忘れられない企画となりました。

Furuta's style 9

待っているだけじゃダメ！ Xでの奇跡を自ら起こす4つの秘策

本章ではさまざまなコラボ例をお伝えしてきましたが、「結局、ラッキーの連続だったんじゃない？」「こんな奇跡みたいなこと、真似しようと思ってもできない」と思われた方がいるかもしれません。

確かに、僕自身信じられないような出来事が多々起こったことは事実です。けれども、ただ奇跡が起きるのを神頼みで待っていたわけではありません。常に、自ら仕掛けにいきました。ある意味、「奇跡を起こすように仕向けた」のだと思っています。

ここからは、僕が仕掛けてきたことをすべてお伝えします。

①偶然性とストーリー性が重要

正直言うと、どこかの企業やキャラクターとコラボをすること自体はそこまでハードルが高くありません。仲良くなった企業公式の中の人（X運営者）に話を持ちかける、「コラボ相手を募集中！」と広く受け付けている企業に連絡するなど、方法は多々あります。

しかし、そのコラボを盛り上げること、さらには、コラボした後に自分のファンになってもらうことが、非常に難しいのです。悲しいかな、あまり盛り上がらない、商品が売れない、すぐにフォロワーが離脱してしまったというコラボも数多くあります。

では、大盛り上がりを見せるような「奇跡」と称されるコラボとそうでないコラボは、どこが違うのでしょうか？

ひとつは、始まり方です。思いもよらない偶然から話が始まると、その意外性からフォロワーをはじめとするファンの気持ちが俄然乗ってきます。

そしてもうひとつは、ストーリー性です。たとえば、それまで出会っていなかった企業同士が、ファンの言動をきっかけに繋がり、コラボが始まれば、大盛り上がりの心躍るストーリーです。TEAM SHACHIとのコラボはその最たる例でしょう。


単にビジネスとしてどこかとコラボするだけでは、ファンの心はつかめません。希少性、偶然性、ストーリー性があるからこそ、惹きつけられるコラボになるのではないでしょうか。

②　公の場で既成事実を作る

第3章のX運用のコツで「エゴサと通知欄チェックを怠るな」とお伝えしました。偶然性とストーリー性のある奇跡のコラボにするためには、奇跡のきっかけに気づく必要があります。

たとえば、フォロワーが呟いたほんの短い一言。どこかの企業公式の中の人が「鯱もなか」のことを話題にしていた投稿。見逃してしまえば、奇跡に至ることはないでしょう。いつどこで名前が出るかわからないので、エゴサは重要です。一人では大変なので、何人かのスタッフで行ってももちろんOK。

もしも奇跡の種を見つけたら、すぐに動きましょう。「いいね！」をする、コメントで反応する、引用して拡散する。相手が企業アカウントだった場合、向こうもコメントを返して反応してくれることが多いはずです。そうなれば、しめたもの。何度かやりとりを行うことで、既成事実を作ってしまうのです。

相手が「鯱もなか」の話題を出してくれるのを待つ必要はありません。何か参加できる話題があれば、積極的にコメントをして自ら話題を作ることもできます。

奇跡は、自分の手で作れるのです。

③ チャンスの神様が訪れたときの準備を万端にしておく

「チャンスの神様は前髪しかない」というヨーロッパのことわざがあります。チャンスは見つけたらすぐにつかまないと、通り過ぎてしまってからでは遅いという意味ですよね。とはいえ、Xの世界では、チャンスの神様はそこまで激レアではないのです。エゴサをしていたり、自分から動いたりすることで、割と定期的に現れる。僕の感覚だと、何か月かに一度くらいはやってきます。

重要なのは、チャンスの神様を見つけたときに、瞬時に行動に移せるかどうか。では、その「準備」とは何か。これは人によって違うでしょう。

新しい企画を行うとなったとき、すぐに動けるような社内の体制になっているか。急な案件でも対応してくれる取引先がいるか。未知のジャンルに踏み込むことになった場合、相談できる人脈があるか。
あらゆる事態を想定して、フレキシブルに対応できるような準備をしておけば、いつチャンスの神様が現れても安心です。

④ ストーリーの経緯をフォロワーに見せる

3つの「奇跡を起こす秘訣」をお伝えしましたが、もうひとつ重要なことがあります。それは、要所要所でフォロワーにストーリーの経緯を見せておくことです。

Xの投稿は、自分が削除しない限り半永久的に残ります。たとえば、TEAM SHACHIとのエピソードは、リアルタイムでタフ民の皆さんと盛り上がって、奇跡を一緒に共有したことでお祭り騒ぎのような状況を引き起こすことができました。これもすべて、ストーリーが進んでいく様を逐一ポストという形で見せていたからこそ、参加者の心を震わせることができたのだと思っています。

そしてさらに、リアルタイムで見ていなかった人も、投稿を振り返って見ることで、そのときの盛り上がりを自分の中で再現することができます。

だからこそ、起こったことは随時ポストして報告しておきましょう。ストーリーを言語化してSNS上に残すことで、未来のフォロワーにも経緯を伝えることができ、何度でも感動が生まれます。

『クローズアップ現代』に〝推し活〟テーマで出演

アイドルとのコラボや棋聖戦の勝負おやつ大抜擢、非公式テーマソングの誕生など**数々の奇跡を巻き起こしていた最中、なんとNHKの番組『クローズアップ現代』に取り上げられるといううれしい出来事が起こりました。**

その回のテーマは「まだまだ拡大中！　推し活パワーが社会を変える」。ネットで検索してうちの店を見つけてくれた番組スタッフの方から、お電話をいただいたことがきっかけです。まだリサーチ中で、放送されるかどうかわからないけれど……、とのことだったので、なんとかこのチャンスの神様の前髪をつかみたい！　と、その段階でアピールできることをすべてプレゼンしました。

突然の連絡だったので特に資料など用意できませんでしたが、**頭の中にはいつでも「鯱もなか」のＰＲができるように情報がすべてインプットされています。**これも、僕にとっての大切な準備のひとつ。スタッフの方も、まさかそこまで詳細な話が聞けると思わなかったようで、すぐに社内に話を持って行ってくださることに。

結果、見事採用されて、放送で取り上げていただけることになりました。「アイドル推し」がいつのまにか「もなか推し」になり、さらに全国に広がっていく様子を「推し活は別の推し活にも発展する」という内容にまとめてくれたのです。

時間にして6分弱。放送中と直後には**「鯱もなか」がTwitterの日本のトレンドワードにランクイン**し、「鯱もなか」のファンの方はもちろん、番組内で取り上げられたアイドルのファンの方々も皆さんツイートで盛り上げてくださいました。

またひとつ、奇跡が生まれた瞬間でした。

Furuta's style
10

共に成長する。
「熱狂的なファン」との関係値

こうして振り返ってみると、「鯱もなか」のそばにはいつも「鯱もなか」を愛してくれる方々がいて、支えてもらっていることを痛感します。自社や自社商品を応援してくれる方（ここではあえて「熱狂的なファン」と呼びます）なくしては、企業の成長はないといっても過言ではないでしょう。

一連の奇跡のような出来事が連鎖する背後には、とてもエモーショナルで温かな空気が存在していると感じます。

では、どうやって熱狂的なファンを作るのか。そのためには、まずファンとコミュニティの仕組みを知っておくとスムーズです。

① 雪だるま式に巨大化するコミュニティ

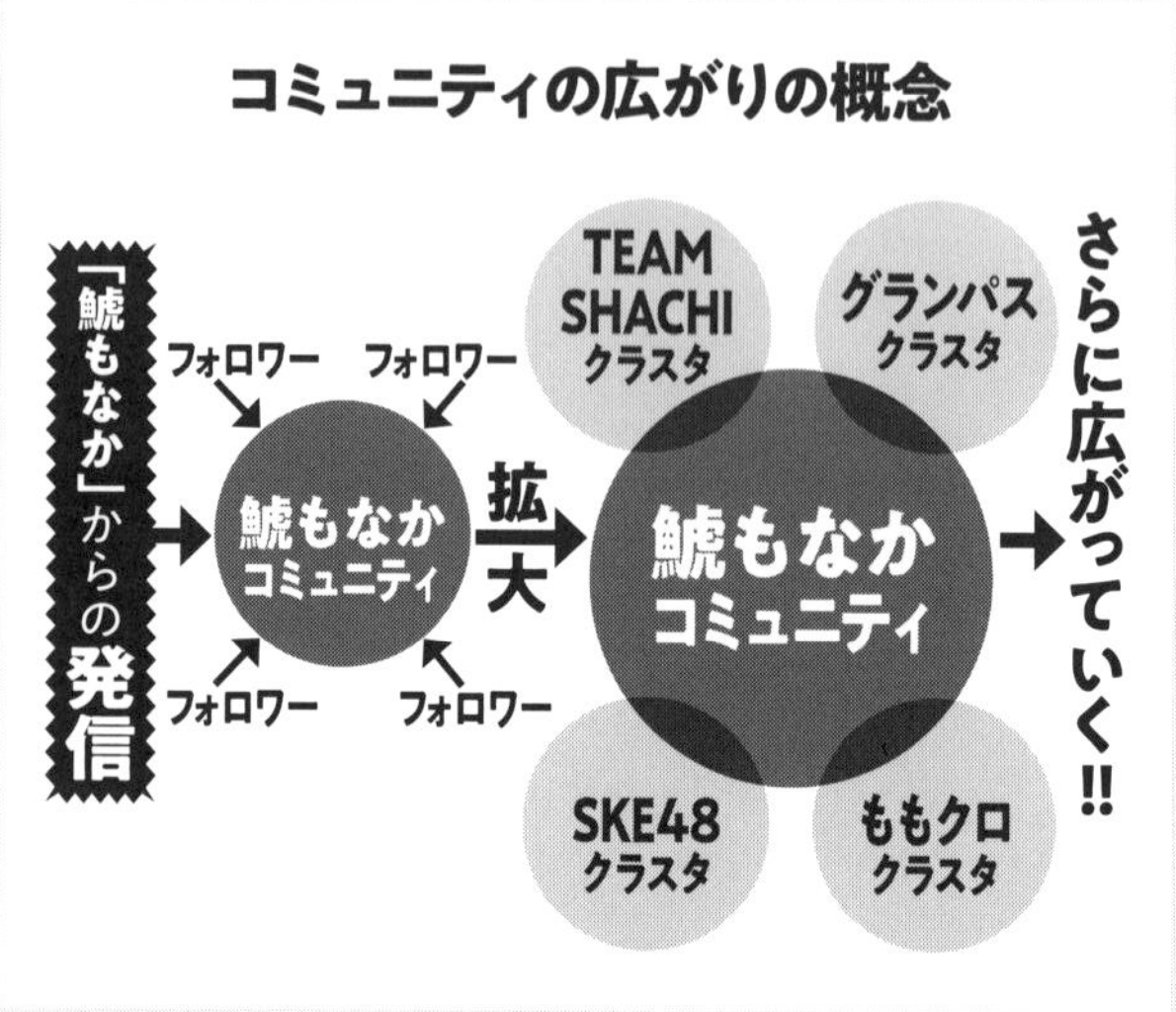

クラスタとの接点（交流）が増えるとコミュニティはさらに広がる

上図はXでの世界を表しており、右に進むにしたがって時間が経過しています。

スタートは、日々の情報発信です。第3章「X運用のコツ」でお伝えした、毎朝の挨拶がまさにそれ。最初は反応があまりないかもしれませんが、とにかく続けることが重要です。コメントには必ず返信をして積極的に交流を深め、フォロワーとの距離を縮めていきます。この動きがベースです。

毎日地道に続けた情報発信を軸に絆が生まれた人たちとの間には、次第に目に見えないコミュニティが形成されます。

すると、そのコミュニティ内の人の働きかけや、僕がさまざまなことを仕掛けることで、時折、影響力が大きなクラスタとの接点が生まれることがあります。そのクラスタの一部の人たちが「鯱もなか」に興味を持ち、コミュニティに参加（円と円が重なっている部分）することで、コミュニティ自体が拡大していくのです。

ここで言うクラスタとは、X上で共通の話題に興味関心がある人たちの集まりを指します。同じ推しを持つ者同士ではありますが、絆という概念は存在しません。

一方コミュニティの特徴は、そこに絆が存在しているということです。趣味嗜好が同じでも違っていても、強い絆で結ばれている。たとえるならば、「家族」もコミュニティのひとつですね。

日々の情報発信から、「鯱もなかが好きで、鯱もなかを応援しよう！」という人が集まって生まれたコミュニティ。もちろん、中心には「鯱もなか」がいます。

コラボやメディア露出などの何か大きな出来事があると、「鯱もなか」に興味を持った人たちがそのコミュニティに「フォロワー」という形で加わってきます。ＳＫＥ48とコラボをすればＳＫＥ48ファンの一部が「鯱もなか」を好きになってくれてコミュニティに加わり、名古屋グランパスとコラボをすればグランパスファンの一部が、企業コラボキャンペーンを行えば、コラボ先のフォロワーの一部がコミュニティに加わってくれるのです。

こうしてコミュニティが大きくなっていくほど、何か話題になったときの拡散力も上がります。さらに、新しいニュースが起こる可能性が大きくなり、コミュニティの中にいる人たちの熱量も大きくなるという流れです。

②熱狂的なファン＝同じ目的に向かっていく仲間

コミュニティが大きくなる仕組みを理解したら、次はいよいよ、雪だるま式にコミュニティを大きくする原動力となる「熱狂的なファン」をつかむ秘訣をお伝えします。

カギは「フォロワー自身も当事者となり、共に目的に向かう仲間になってもらうこと」。

「鯱もなか」が世間に大きく知られることになったきっかけは、『Yahoo!ニュース』の記事で取り上げられたことでした。加えて、現在でもXの固定ポストにしている「和菓子離れの当事者として少しだけ」という投稿がかなり拡散され、僕の想いにたくさんの方が共感してくださいました。

苦境にも負けず、常に挑戦する姿、そして、思いもよらない大きな出来事の数々が起こる様子を傍観するうちに、フォロワー一人ひとりがストーリーの当事者となっていくのです。

つまり、必死にもがく様子を包み隠さずフォロワーに見せること。なりふり構わず頑張っている様子を見せることで、そこに共感してくれたフォロワーとの間には、簡単には崩れない絆が生まれます。ただし、その絆は、フォロワーとの普段からの密な交流があってこそだということは、決して忘れないでください。

棋聖戦の勝負おやつに選ばれたきっかけとなった投稿をしてくれた常連・じーごさんは、まさに「熱狂的なファン」の代表とも言えるフォロワーであり、元祖 鯱もなか本店が感謝してもしきれないほどお世話になったキーパーソンの４人目です。

じーごさんは、「鯱もなか」が関連するイベントにはすべて駆けつけ、店に行った様子を逐一ブログで報告してくださいます。

「棋聖戦のおやつの件は、言わないと何も広がりませんから、とりあえず投稿してみました。狙ってはいましたが、まさか万松寺の方に見つけてもらって本当に選ばれるとはビックリでしたね。その後、『クローズアップ現代』から取材を受けるなど、『鯱もなか』を応援するようになってから僕にとってても大きな出来事がたくさん起こっています。『鯱もなか』には目に見えない魔力があるんですよ。全力で応援したくなる『鯱パワー』が。これからもずっと、『鯱もなか』推しでいきます」

（じーごさん・談）

こうして強い絆が生まれた熱狂的なファンは、自ら「鯱もなか」という推しのことを周囲に広め、宣伝してくれます。言うなれば、最強のPR隊長。リアルな言葉で語ってくれるからこそ、『鯱もなか』に興味がなかった人をも振り向かせるパワーがあり、さらに新しい熱狂的なファンを生み出していきます。

すべては、マメな情報発信とフォロワーとの密なコミュニケーションから。そして、がむしゃらに夢に向かっていく様を包み隠さず見せること。

このことを徹底していれば、あなたの熱狂的なファンは必ず現れます。

第5章

小さな事業体が戦うための秘訣

――多数の味方をつくる古田流・人脈形成術

未体験の世界で関係性を築くことの難しさ

ここまで、「鯱もなか」の周りで起こった奇跡を時系列でお伝えしつつ、その時々で仕掛けてきたこと、意識したことを【Furuta's style】としてまとめてきました。

この第5章では、それらすべてに通じるといっても過言ではない**「人脈形成」**に焦点を当ててお話ししていきます。

2021年にこの店を継いだ時点では、僕の人脈は非常に心もとないものでした。もちろん、それまで経験してきたキャリア（バンドマンから一般企業、不動産業まで）における人脈はありましたが、和菓子の製造販売業を営むために役に立つような人脈とは別モノです。

売上を立て直していくためにはまず、取引先の確保と拡大が必務です。しかし、先代は店を閉めるためにすでに事業を縮小し始めていたので、取引先の数がかなり少なくなっていたことはすでにお伝えした通り。一旦取引がなくなってしまったお得意様に、改めて取引をお願いできないか再交渉することはもちろんですが、それだけでは「鯱もなか」の名を広げていけませんので、新規開拓は必須でした。

とはいえ、新規開拓と一言でいっても、そんなに簡単なものではありません。

これは、僕のように未経験で事業を継承した人はもちろん、既存事業の拡大や新規ビジネスをスタートするときにも必ず直面する障壁といえるでしょう。頼れる人脈がない状態で新しい世界に飛び込むときは、誰もが右も左もわからず戸惑うものですよね。では、どんな作戦で、その壁を乗り越えていくのか。

まず僕が取った方法は、**自分の得意なXを最大限に活用する**というものでした。

具体的なX活用術に関しては、第3章の【Furuta's style❼】でお伝えしている5つのコツが大きなポイントです。そして、じつはもうひとつ、僕が常に意識している考え方があります。

それは、**「巨人の肩に乗る」**というものです。

巨人の肩に乗り、小さな事業体が勝機を得る

「巨人の肩に乗る」または「巨人の肩の上に立つ」とはヨーロッパの成句で、**「偉大な先人たちの業績や先行研究（巨人）の上に、現代の新しい発見が生まれる」**という意味です。万有引力の発見者として知られるアイザック・ニュートンが友人に送った手紙の中で、「私がかなたを見渡せたのだとしたら、それはひとえに巨人の肩の上に乗っていたからです」と使ったことで広く知られるようになったと言われています。

この「巨人の肩に乗る」は、研究分野の話だけでなく、人脈形成においても言えることではないでしょうか。

世間に大きな影響力を持つ巨人と積極的に繋がり、交流を深めていくことで、自分にとって新しい展開へ繋がる。うちのような**地方の小さな事業体でも、巨人の恩恵にあずかって世界を広げていくことができる**のです。

Xのコラボキャンペーンを例にとってみましょう。

第4章【Furuta's style❾】で「コラボは偶然性とストーリー性が重要」と述べましたが、すべてをそのように仕向けることもまた難しいもの。人脈を広げてアカウントの認知度を高めていくためには、積極的に巨人とコラボを行うこともひとつの手です。そうすることで、新しい「鯱もなか」のファンが生まれるきっかけになります。

自分のアカウントがまだまだ小さく、フォロワー数もわずかである場合、コラボをしてくれる相手探しだけで四苦八苦してしまうかもしれません。人気のアカウントとコラボするなんて、夢のまた夢……、そう怯んでしまうかもしれません。けれども、第1章の【Furuta's style❶】でお伝えした自己認知を思い出してください。**あなたにはあなたにしかない強みがあるはず**です。

どんなに人気があるアカウントでも、困っていないことがないわけではありません。また、常に新しいネタを探しているケースも多いため、正面切って依頼をすると快くOKがもらえることが珍しくないのです。

「鯱もなか」は、これまでにたくさんのコラボ企画を行ってきました。声をかけていただいたケースもありますが、「鯱もなか」の強みである歴史と伝統を武器に、こちらから話を持ちかけた企画が数多くあります。

アタックする方法はさまざまです。

XでDMを送れるのであれば、**まずはメッセージをしてみる。**初めて連絡をする場合は相手に気づいてもらえないこともありますが、そんなときはちょっと一工夫。相手の投稿にコメントをするついでに「ご相談したいことがあり、DMを送りましたのでご確認いただけますか？」と一言添えておくと、気づいてもらいやすいです。

相互フォローの間柄でない、また、相手側の設定でDMが送れないといった場合は、**正々堂々コーポレートサイトのお問い合わせフォームから連絡をしてみましょう。**

先日、いつかコラボをしたいと考えていた大手企業さんとX上でコメントを送り合ったものの、先方がDMを開放していなかったためメッセージを送ることができませんでした。

コメントでのやりとりも本気とも冗談とも取れるような内容だったので、そのままであれば話が終わってしまいます。しかし、「このチャンスをどうにか活かしたい！」と諦めきれなかった僕は、**コメントをいただいたお礼を伝えるとともに、コラボをお願いしたい内容を企画書にまとめて、お問い合わせフォームに送りました。**正直、前のめり感は否めませんが、それくらいの行動を起こしてもいいと思うのです。

結果、良いお返事をいただき、念願のコラボを行うことが決定しました。

もちろん、うまく話が進むことばかりではありません。オファーを断られたことは数えきれないほどありますし、返事さえもらえなかったことも多々あります。

でも、行動を起こさない限り、何も始まりません。

「うちなんか……」と行動にブレーキをかけてしまい、本来持っている強みを武器にすることができていない人が多いと感じています。もしかしたら、巨人の方があなたの魅力を見出し、メリットを感じてくれるかもしれません。

人脈は「数」より「質」を重視せよ

他者の知名度や人気にあやかって自己の影響力を高めていくための方法をお話ししましたが、X以外で僕が試したこともお伝えします。

数年前、**リファーラルマーケティングを行っているサービスに入会**しました。リファーラルマーケティングとは、紹介によって新しい顧客との繋がりを広げていくマーケティング手法のこと。マーケティングの先進国であるアメリカで積極的に取り入れられていて、日本では2006年ごろから徐々に広まってきています。

僕が入会したサービスでは、会員になると定例会に参加できるようになり、互いに第三者を紹介し合って人脈を広げていくというものでした。参加者は独立したばかりのフリーランスや中小企業の経営者、企業のマーケティング担当者が特に多いようです。実際に僕も、「鯱もなか」の事業を継ぐにあたり、ビジネスのための人脈を広げたいと思って入会しました。

しかし、何度か定例会に参加してみたものの、3か月ほどで退会してしまいました。

入会して1か月くらいは、自分の知らない世界を垣間見ることができ、普段知り合うことのないような人たちと交流が図れるので、毎日が刺激的でした。Facebookの友人もみるみる増えていきました。ビジネスに活かせるような人脈に乏しかった僕が、さまざまな業界で活躍している人と知り合い、交流できる相手が一気に増えたことは、大きな自信になりました。

けれども、紹介してもらった分、自分も誰かを紹介しなければならないというルールが次第につらく感じるようになってしまったことが、退会した大きな要因です。

人脈は、数よりも質の方が大事だと思うのです。

リファーラルマーケティングを活用することで得たものは確かにありましたが、それなりに費用もかかりましたし、時間も取られました。手っ取り早く人脈を広げるための方法としては良いかもしれませんが、それだけではビジネスで有効活用できるとは言えない、というのが僕の感想です。

こういった会員制のサービスに入らずとも、いわゆる「異業種交流会」はいろいろなところで開催されています。友達が友達を連れてくるようなレベルの飲み会で、思わぬ業種の方と知り合うことだって珍しくありませんよね。**そうした集まりに前向きに参加することは、新しい世界に触れるチャンスです。**

自分にないものを持っている人と親しくなる

「人脈は数よりも質」だとお伝えしましたが、ではどうやって質を判断すればいいのでしょうか？

僕は、**「自分にないものを持っている人」**がその判断基準だと考えます。

たとえば、ＳＮＳのフォロワー数やコメント数、投稿の盛り上がりなどがそれにあたるでしょう。また、まったく異なる分野の企業もまた、自分にないものを持っている相手といえます。**「老舗和菓子屋と、この業界の企業がなぜ⁉」という異色のコラボが引き起こす化学反応は、想像以上の影響力があります。**

以前、Jリーグ「名古屋グランパス」やプロフットサルクラブ「名古屋オーシャンズ」とコラボ商品を出したことで、スポーツを応援する人たちにも「鯱もなか」をアピールすることができました。これまで名古屋を訪れたことがなかったような人たちが、ソーシャルゲーム『アイドルマスター』シリーズのコラボグッズを求めて、大須の店舗へ来店されたケースもありました。第4章でお話しした、アイドルたちとのさまざまな展開もまた、異業種コラボの良い例です。

いまの自分が持っていないものを持っている人と繋がることとは、**自分が持つコミュニティをさらに拡大させ、その後のビジネスにおいて大きな影響を及ぼします。**これから人脈を広げたいと考えている人は、むやみやたらに出会いを求めるよりも、繋がりたい相手を自分の中でしっかりとイメージしておくことをおすすめします。

仲良くなりたい相手とは短期間に3回会う

自分にないものを持っている、なんとかして仲良くなりたい相手を見つけたら、次はどうやって交流を深めるか。

僕が意識しているのは、**「間を空けずに3回会う」**ということです。

以前読んだ中島らもさんの本に「常連になりたい店があったら、近いうちに3回通うこと」という趣旨のことが書かれていて、なるほど！　と深く共感しました。それを人脈形成に置き換えてみたところ、とてもスムーズに交流を深められたのです。

まずは、なんらかのきっかけで出会って名刺交換など連絡先を交換しますよね。これが1回目。この出会いは偶然であっても、誰かを通じて紹介してもらった場合でも、どちらでも構いません。

次に、出会った日からあまり間を空けずに、情報交換を兼ねたお茶やランチなどに誘いましょう。もちろん、飲みの席に誘ってもOKです。ここで重要なのは、**できるだけ早いタイミングで実行すること**。これで2回目です。

その後、日を空けずして、再度会う約束を取り付けましょう。仕事の相談を兼ねた打ち合わせでもいいですし、もう一度お茶を飲みながら情報交換をしてもいいですね。

1か月の間に3回会うことで、かなり顔なじみといえる関係性になります。最近出会った人のなかで突出して「仲が良い人」という認識をお互いに持つことができるでしょう。結果、**自分の人脈のなかでも特別感が得られる間柄になれる**のです。

そうなればしめたものです。たとえ、その後しばらく連絡をとっていなかったとしても、「〇〇さんとはいろいろなことを話せる関係だ」と自分の脳にインプットされ、**心理的な距離が縮まった状態のままなので、すぐに打ち解けていろいろな相談ができるでしょう。**

すると、こんなことを疑問に思う人がいるかもしれません。

「初めて会った人とフィーリングがピッタリだったので、半日以上一緒に過ごして、いろいろな仕事の話ができました。短期間に3回会わなくても、濃密な時間が過ごせていれば、1回だけでも良い関係が築けるということではないですか？」

確かに、長時間ともに過ごすことでお互いの距離は縮まります。しかし、一度会っただけでその後連絡をとっていない場合、「何回も約束をして会うほど、自分たちは仲が良い」という認識まで至っていないので、**次に会うときに改めて関係性を築くと**

ころから始めなくてはいけません。

会ったのは一度だけで3時間過ごした相手と、3週連続で1時間ずつ過ごした相手。過ごした時間はトータル3時間です。あなたは、どちらが「仲が良い」と感じますか？　短期間に複数回会った相手の方が、より絆が深まるのではないでしょうか。

相手が喜びそうなものを進んで差し出す

しかし、できればもう一歩進んで、より強い絆で繋がりたいもの。本当の意味で相手と仲良くなるためには、**相手が喜んでくれそうなものを自ら進んで差し出すことが一番**だと僕は考えます。

元祖 鯱もなか本店が感謝してもしきれないほどお世話になったキーパーソン、最後の一人は株式会社ヴィラジュ ニシムラの犬飼直利さん。Xでお侍さんのカツラを被って「甘いけど、しょっぱーい」と叫んでいる、名古屋土産で人気の「信長のえびしょっぱい」宣伝部長です。

犬飼さんと僕との固い絆は、まさに「相手が喜ぶものを差し出し合う」ことで生まれた好例だと言えるでしょう。

「僕は35年間この業界にいるけど、土産物の販売って売店での場所取りがすべてなんですよ。いかに良い場所に置いてもらえるかで、売上がまったく変わってきます。だから、商品の企画力と営業力が命。でも古田さんは、SNSを巧みに利用して売上を伸ばしていくという、まったく新しいマーケティングの手法を編み出した。これってものすごいことです。

一方で、何もわからないまま事業を引き継いでいたから、**この業界のしきたりだとか、いわゆる正統派の営業をご存じなかったので、私ができる限りお伝えしました。**命をかけて『鯱もなか』を継いだという覚悟、必死で頑張っている姿を見て、心から応援したいと思ったからです。じつは私自身も、会社が潰れそうな状態から社長と二人三脚で死に物狂いで営業をして、必死にここまで来たんでね、自分と重なるんですよ。**取引先も少しだけですが紹介しました。**とはいえ、私が少し早く引き合わせただけであって、古田さんならすぐに自分でも販路を広げていたに違いないですけどね。

反対に古田さんは、私に**Xの活用法や戦略の立て方を惜しみなく教えてくれました。**アカウントは持っていたけれど、積極的に運用していなかったXに注力し始めたのは、古田さんに出会ってからです。とはいえ、彼と同じことはとてもできないから、訪問したお店の様子を毎日発信して、ほかのお店の方やバイヤーの方に情報を提供することに力を入れています。

おかげ様で『Xを見ました』と、お客様だけでなくバイヤーさんから声をかけてもらうことが増え、商品の売上にも繋がっています。『鯱もなか』が幸運を運んできてくれるというのは、本当です！　これからも名古屋のお土産市場を一緒になって盛り上げていきたいですね」（犬飼さん・談）

こうしてWin-Winな関係となった僕と犬飼さんは、ある意味**ライバルでありながら、いまでは一緒に営業に行ったりもする**ほどです。

自分にできることを進んで差し出すことで、強固な絆が築けるのです。

何もないなら「時間」を差し出せ！

「相手に何か差し出したいけれど、喜んでもらえそうなものがない」

そんな声も聞こえてきそうですが、諦めたらそこで人脈形成は終了です。打ち手は必ずあります。

たとえば、「鯱もなか」Xアカウントのフォロワーがまだ100人台だったとき。拡散力はたかが知れているけれど、**「小さいアカウントなりにできることはあるはず！」と、仲良くなりたい企業公式のキャンペーン情報などを積極的にリポストしました。**リポストは、アカウントさえあればいますぐにできますし、お金もかかりません。

結果、相手のX担当者に感謝されて交流が始まり、こちらが拡散してほしいと考えているときは協力してもらえるようになりました。**返報性の原理**（相手から何かしてもらったら、自分もお返しをしたくなる心理）です。

ＳＮＳ関連のほかにも差し出すものはあります。**どんな人にも平等に与えられているもの……そう、「時間」です。**

まずは、コンタクトを取りたい相手が開催しているセミナーや講演会、イベントがあれば参加して、チャンスをうかがい名刺交換をするなどして接点を作りましょう。どんな些細なきっかけでも、チャンスを逃さない意気込みが大切です。講演会ではもちろん最前列を陣取って、一言も聞き漏らさぬよう傾聴します。**この熱意とやる気も、誰にでも差し出せるものですよね。**

本人と接点を作ることが難しいのなら、セミナーの主催者や運営担当者と知り合うことも有効です。そして、情報の拡散や運営の手伝いなどを無償で申し出るのです。事務局のお手伝いをしていれば、自然と人脈が手に入りますし、いつか本人との接点も期待できます。

時間は誰でも持っているものであると同時に、どう頑張っても一日24時間以上には増やせない資産。相手が忙しい人ほど、差し出すことで喜ばれるに違いありません。

決して見返りを求めない

自分ができることを相手に差し出すことで、仲良くなる。この方法は非常に効果的ですが、ひとつだけ注意点があります。それは、「見返りを求めない」ということです。「仲良くなりたい」という気持ちを持つのは良いのですが、お返しに何かを期待することはやめましょう。

なぜならば、**見返りを期待した瞬間から、あなたの行動が打算的に見え、うさん臭く感じられてしまうから**です。そうなってしまうと、真の絆を築くことは難しいもの。

僕自身、信頼できる相手だと思ったら、たとえ何も返ってこなくても、差し出せるものをすべて差し出すというスタンスでいつも動いています。それは、仕事においてもプライベートにおいても同じです。

たとえば、いつも交通広告の営業に来る広告代理店の女性から、こんな相談を受けました。

「営業成績が悪くて困っています。今月も契約がゼロ件かもしれなくて……。営業のやり方を教えてもらえませんか？」

確かに、僕は過去に商社でゴリゴリの営業をしていた経験があるので、営業戦略を立てるのは得意です。そこで、ターゲット設定をはじめ、商談時のトークテクニック、相手との信頼関係構築のコツなどを詳細にレクチャーしました。

3か月後、その女性はなんと支店トップの成績を収めたというから驚きです。**本来であればこちらが客なのですが（笑）、広告料を払いながらトップ営業パーソンを育ててしまった**というわけです。

ほかにも、清掃などの仕事をお願いしていた知人男性が、家庭の事情から精神的に弱って働けなくなってしまったことを知り、住まい探しから自治体窓口への申請手続、病院への送迎などを付きっきりでお手伝いしたこともあります。付き添っていった病院の主治医や看護師から、ケースワーカーだと勘違いされていたほどです。しかし、お世話になっていた人が困っているのですから、お手伝いをするのは当然のことだと思うのです。

これらはすべて、本来の僕の仕事とはまったく関係ないところの話。零細事業者として死ぬ気でビジネスに取り組まないといけない状況ではあるので、「そんなボランティアみたいなことをやっているくらいなら、業績を上げるために動くべきでは?」と思われるかもしれません。しかし、一つひとつの出会いや繋がりを適当には扱いたくないし、扱ってはいけないというのが僕のポリシーなのです。
「そんなことまで」と言われるようなことに、今日も首を突っ込んでいます。

人が人を呼び、人脈はさらに広がっていく

何か行動を起こせば、関わった相手との関係性は深まり、結果、人脈が拡大していくことは確かです。

あの手この手で動いた結果、この3年間で僕の人脈は自分でも驚くほど広がりました。 知り合いがそのまた知り合いを、フォロワーがフォロワーを紹介してくれるため、留まることがありません。人が人を呼び、人脈はさらに広がっていくのです。

おかげで、何か挑戦してみたいことができたとき、誰に相談すれば心強いか、どこ

かに繋がる人がいないかが、頭の中で即座にリスト化できるまでになりました。

先日、「鯱もなか」が参加していたとある大型コラボイベントが、想定していた参加企業数に満たなかったため、中止になりかけたことがありました。結果的にイベントは開催され、大成功を収めましたが、じつはそのとき、水面下で僕が動き回って、参加企業を数社見つけてきたのです。頭の中にリスト化された人脈一覧を思い浮かべながら、可能性がある企業さんに片っ端から声をかけました。自分にできることは最大限したい、それだけです。

そんなふうに損得を一切考えずにただひたすら動いたことで、考えられないほどの人脈に恵まれました。結果、**「鯱もなか」の強みに「人脈」も加わる**こととなったのです。

第6章

そして未来へ

——「名古屋肯定感」を上げる起爆剤に

目下の夢は「名古屋の定番お菓子」の座

突然ですが、ここで質問です。**名古屋のお土産と言えば、何を思い浮かべますか？**

この本をここまで読み進めてくれている皆様なので、気を遣って「鯱もなか！」と答えてくれるかもしれませんが、ここはあえて本を手に取る前に時計の針を戻してお答えください。

どうでしょうか。どんな商品が頭に浮かびましたか？

僕はこれまでに愛知県内の大学で学生たちに講義をする機会が何度かあり、毎回学生たちに同じ質問をしてきました。すると、具体例な商品名がなかなか挙がってこないのです。仕方がないのでこちらから商品名を出して尋ねてみます。

「鯱もなかを知っているという人、いますか？」

（50名中1人か2人の手が挙がる程度）

「ありがとう。もっとたくさんの人に知ってもらえるように頑張ります」

そのほか、名古屋銘菓と言われている商品名を出して尋ねますが、知っていると手が挙がるのは数名程度。しかし……

「じゃあ、赤福を知っている人は？」

（全員の手が挙がる）

「おいしいよね。でも赤福は、三重県のお土産ですね」

「もうひとつ、うなぎパイは知っていますか？」

（全員挙手）

「うなぎパイもおいしいし有名だよね。でも静岡のお土産なんですよね」

この結果でわかるように、**名古屋の名産を想像以上に地元の学生たちが知らない、もしくは意識していない**という現実を目の当たりにしました。

しかし、ネガティブに捉える必要はありません。むしろ、「鯱もなか」が目指している**「名古屋の定番お菓子」の座が空いているわけなので、チャンスが確実にある**ということです。

ちなみに、「鯱もなかを知っている」と答えた学生に、どこで知ったのかを聞いてみました。すると、「お土産屋さんで、たまたま商品の名前が目に入ったから」との答えが返ってきたのです。

つまり、**名古屋の定番お菓子になるためには、売り場の獲得が欠かせない**ということ。わかってはいましたが、学生たちのリアルな声を知ることで、改めて実感することができました。

売り場面積をかけた熱き戦い

2024年10月現在、名古屋駅周辺で「鯱もなか」を取り扱っているのは、名古屋駅のキヨスク各店、エスカ地下街・名鉄百貨店・ジェイアール名古屋タカシマヤ内の土産物売り場、近鉄名古屋駅構内のファミリーマートなどです。いろいろな場所で置いてもらっていることを感謝しつつ、さらに取り扱い店を拡大していきたいと考えています。

名古屋駅の売り場のなかでも、特に大きな売上を占めるのが、グランドキヨスクとギフトキヨスク。じつは、同じキヨスクと言っても置いている商品のラインナップや場所、コンセプトによって種類がいくつかあるのです。

この2つの大型店舗に商品が置かれることが、僕たち名古屋の菓子屋にとって一種のステータスになっています。

売り場の獲得は、じつにシビアです。もちろん、キヨスク以外の売店でも熾烈な場所取り合戦が繰り広げられていますが、**駅構内の大型店舗となれば、その競争率はまさに戦国時代並み。**

たとえ広い面積を割り当てられていたとしても、売上が落ちてきたら、だんだんと目立たない場所に移動していきます。そして、もっとも目立たない場所で売れなくなったら別の商品に入れ替わってしまうという、売上がすべての厳しい世界なのです。

そもそも商品を置いてもらうまでが平坦な道のりではありません。まずは、各店舗の店長とマネージャーに商品を認知してもらい、「店に並べるべきだ」と納得してもらう必要があります。

加えて、年に数回開催される懇親会に出席し、キヨスク本部のキーパーソンに挨拶をして、「鯱もなか」をしっかりとアピールをすることも必要です。

老舗だからとか、ずっとお付き合いがあるからといった繋がりだけで置いてもらえるほど甘い世界ではないし、いくら売れている商品だとしても、まったくの関係値なしでは大量に取り扱ってもらえません。

つまり、**キヨスク本部や各店舗への営業力と、確実に売れるという商品力の両方を兼ね備えていないと、名古屋駅構内の一等地に売り場を確保することは難しいのです。**

先ほどもお伝えした通り、一店舗当たりの売り場面積は限られていますので、どこかの商品が入ったら、その分どこかの商品が弾き出されるのは当然の話。一気に勢力を伸ばした商品ほど弾き出された側からの反発は大きく、ときにはクレームが入ることも少なくないと聞きます。

傍から見ると商品がたくさん並ぶ楽しい雰囲気の土産物売り場ですが、じつは限られた売り場スペースを求めて、下剋上の世界が日々繰り広げられています。

Xトレンド解析『日本の土産菓子』第18位に!

先代は、「鯱もなか」を我が子のように大切にしていましたが、もともと寡黙な人で、自分から積極的にアピールするタイプではありませんでした。あくまでも、大須のお店を愛してくれる地元の人、そして名古屋を訪れて偶然売店で見つけた人にお土産として買ってもらうことで、「鯱もなか」は商売として成り立っていました。

けれど、それだけでは売上を大きく増加させることは難しく、「鯱もなか」を名古屋の定番お菓子にする道も遠く険しい。老舗ではあるけれど、知る人ぞ知るお菓子であった「鯱もなか」を**〝名古屋土産として指名買いしてもらう〟ためには、やはりPRが欠かせません。**

角川アスキー総合研究所が2023年（調査期間：2022年9月1日〜2023年8月31日）に行った「Xトレンド解析『日本の土産菓子』TOP100」という調査があります。タイトル通り、調査期間中にX上で言及された土産菓子をベスト100形式で発表したもので、抽出件数は360万件以上。
この調査で**100位以内にランクインした愛知県の土産菓子は全部で9つ**でした。

第2位　ぴよりん　　　　第18位　鯱もなか
第20位　しるこサンド　　第41位　鬼まんじゅう
第45位　なごやん　　　　第53位　カエルまんじゅう
第55位　ケロトッツォ　　第61位　あんまき
第88位　シャチボン

総合ランキング第2位、愛知県のお土産としてグランプリに輝いたのは「ぴよりん」でした。地元食材・名古屋コーチンの卵を使ったプリンをババロアで包み、粉末状にしたスポンジケーキをまとわせた新感覚スイーツです。ひよこの見た目がとてもかわいいのですが、非常に柔らかいため熱と揺れに弱く、すぐに崩れてしまうというのが弱点。
しかし、それを逆手にとった、形を崩さずに家まで持ち帰ることができるかという「ぴよりんチャレンジ」がX上で流行っていて、挑戦者たちから続々と上がる報告ポストがランキング上位入賞を後押ししたのではないかと推測しています。

その「ぴよりん」に次いで18位にランクインしたのが、「鯱もなか」です。愛知県の土産菓子のなかでは2位！　あくまでもX上で言及された数なので、真の意味での「名古屋の定番お菓子」とは言えないかもしれませんが、**たくさんの方に話題にしてもらい、ポストしてもらったことが数字として表れました**。これはX担当冥利に尽きる調査結果です。

なお、今回の調査でランキング第1位に輝いたのは、三重県伊勢市の「赤福」でした。僕が尋ねた学生全員が「知っている」と答えた、あの「赤福」です。同じ東海圏の土産物としても手ごわいライバル。まずは打倒「ぴよりん」で名古屋ナンバーワンの座を獲得して、そしていつか赤福を超える日まで、情報発信を続けるつもりです。

ギフトキヨスクに「鯱もなか」の看板が！

こうして、ただひたすらに「鯱もなか」に関する情報発信を続けて3年。地道な努力が、ついに実を結ぶ日がやってきました。

2024年5月某日。僕のスマホが着信を知らせました。画面を見ると、相手は名古屋駅ギフトキヨスクの担当者。直接電話がかかってくることはかなり稀です。何か商品に問題があり、トラブルが起こったのではないかと一気に血の気が引きました。

けれども、担当者から発せられたのは、思いもよらぬ言葉でした。

「名古屋駅のギフトキヨスクに『鯱もなか』の棚を追加で設けたいのですが、お願いできますか？」

なんと、**一日60万人以上が利用し、名古屋駅での土産物販売数1、2を争うと言われている売り場に、単独で「鯱もなか」の棚をひとつもらえることになったのです！**

しかも、「元祖 鯱もなか本店」という看板と商品写真が入ったパネルつき。

なんでも、２０２４年3月～4月の間のギフトキヨスクにおける「鯱もなか」の売上が、昨年比１４０％という数字を叩き出したとのこと。これは、ギフトキヨスク全体の売上伸び率よりも遥かに高い数字なのだそうです。

加えて、棋聖戦の勝負おやつに選んでもらったり、ももクロとコラボをしたりという最近の流れも認識してくださっていたようです。

「古田さん、これはものすごいことだよ！　ギフトキヨスクの広い場所をもらうこと、しかも看板をつけてもらうなんて、普通は20年くらいかかるような話。それを、ものの3年足らずで成し遂げちゃうなんて！　やっぱり古田流X活用営業術のパワーはものすごい！」

と、信長のえびしょっぱい宣伝部長・犬飼さんも目を細めて大喜びしてくれました。

これで、「鯱もなか」がお客様の目に触れる機会が爆増しました。名古屋の名だたる老舗お菓子メーカーと、肩を並べる日がついにやって来たのです。また一歩、「名古屋の定番お菓子」に向かって、歩を進めることができました。

名古屋城＝金のしゃちほこ＝「鯱もなか」

名古屋駅のキヨスクをはじめ、主要売店での場所取り合戦はまさに戦国時代のようだとお伝えしてきましたが、じつはすでに**「鯱もなか」が天下を治めつつある場所があります。名古屋城**です。

現在、正門横売店と天守閣下売店の2か所では「レモンケーキ」や「鯱サブレー」といった「鯱もなか」以外の商品の取り扱いもあり、ありがたいことに、名古屋城売店人気ランキング・ナンバーワンの称号をいただいております。スタッフの方お手製のPOPや、SKE48中坂さんがレモンケーキを食べている写真、サインなどがディスプレイされていて、広くて目立つスペースに置いてもらっており、非常によく売れているのです。**名古屋城＝金のしゃちほこのイメージなので、鯱関連の商品は強い**のでしょう。

また、毎朝、納品のために僕自身が名古屋城に足を運んでおり、名古屋城正門の看

板の写真とともに、

――名古屋城へレッツゴーです

と投稿することがルーティンになっていて、フォロワーさんやほかの企業公式さんも、名古屋城に行くたびに同じ投稿をしてくれます。もちろん、名古屋城で開催されるイベントには、ほぼ参加しています。

いつしか「名古屋城に行けば、『鯱もなか』のX中の人に会える」とまことしやかにささやかれるようになりました。それくらい思い入れがあり、僕自身も推しており、お世話になっている名古屋城。名古屋城を建て、天下統一を果たした徳川家康のように、「鯱もなか」も天下をとります！

現在の元祖　鯱もなか本店の状態を再認識する

キヨスクでの売り場スペースが一気に拡大したことで、これまで以上の売上が期待できるようになりました。少しずつ事態が好転してきていることを感じます。このまま一気に「名古屋の定番お菓子になる」という夢へと突き進みたいところです。

そこで、改めて経営戦略を立てることにしました。

具体的なありたい姿・ビジョンを描くことで課題が明確になり、夢の実現がよりスムーズになるというのは、ビジネス界では常識でしょう。

元祖 鯱もなか本店は法人化していますが、まだまだ家業の域を出ていません。ようやく地元で認知されるようになってきましたが、知名度もまだまだこれから。この先、「家業」から「企業」というフェーズに移行していくため、つまり「名古屋土産の定番お菓子になる」という**ありたい姿に向かって組織として目標達成していくためには、課題の設定が必須**だと考えました。

このような考えを後押ししたのは、中小企業診断士になるための最終試験の診断企業に元祖 鯱もなか本店が選ばれたことでした。お世話になっている中小企業診断士の先生が、うちの事業承継のケースが非常におもしろいと言って選んでくれたのです。実際に中小企業診断士の卵たちが作成した診断結果と中期戦略の提案書を見て、僕は次のような中期戦略を立てました。

「5年後の2029年までに、売上10億円、従業員100名を目指す」

この数字は、名古屋の土産物を製造・販売している企業を複数リサーチして設定しました。現在の2倍3倍どころではない遥か高い目標値にはなりますが、名古屋を代表するお菓子として、より強固なブランドを築き、多くの方に楽しさやおいしさを届けられるような企業を目指していきたいと考えています。

また、改めて現状と課題を把握するために、元祖 鯱もなか本店のLINE会員に対してアンケート調査も行いました。3日間で125件の回答が得られ、男女の比率はほぼ半々、主なファン層は30～59歳と幅広い年代の方に愛していただけていることがわかりました。その他、購入頻度や回答者の居住地域、よく購入される商品、誰のために購入しているか、選んだ理由、今後期待することなどが明確に把握できたことは、今後の戦略に活かしていけるので、有益な調査ができたと感じています。

これらの顧客満足度調査はGoogleフォームなどを使えば簡単にアンケートができるので、ぜひ積極的な活用をおすすめします。

老舗和菓子屋としては異例のメタバース参入

常に挑戦を続けているという自負のある元祖 鯱もなか本店ですが、ここ**2年ほどで特に注力しているのがメタバース**です。最終章にきて、突然明後日の方向に話が進み出したのでは？　と驚かれたかもしれませんが、とても大切な話なので聞いてください。

メタバースとは、インターネット上の仮想空間のことです。２００３年に登場した「セカンドライフ」が一時話題となりましたが、メタバースというワードが広く認知され始めたのは２０２１年ではないでしょうか。Facebook社がMetaに社名変更したり、コロナ禍でビデオ会議の需要が増えたりしたことによって、**メタバース市場に参入を始める企業が続出**しています。

総務省の情報通信白書には、今後の技術の進展とサービス開発によって、2021年には4兆円超だったメタバースの世界市場が、2030年には78兆円以上にまで拡大するという予測が紹介されています。

日本国内市場に関しても、2026年には1兆円を超えるとされており、ほかの経済関連の資料ではさらに高い予測数字のデータもあります。

いまはまだ黎明期ですが、この先ものすごい右肩上がりで成長していくジャンルであることに間違いないと確信しています。そんなメタバースに「鯱もなか」はすでに参入しているのです。

メタバースにはいくつかのプラットフォームがあります。これまで何人かのVtuberと「鯱もなか」でコラボをしてきた経緯があるので、その方々に声をかけていただき、500万人が参加する『VRChat』という仮想のプラットフォーム内で名古屋に関するクイズ大会などを開催。初参加したのは2022年11月のことでした。

しばらくは『VRChat』を活用していましたが、半年ほど前からはプラットフォームを『フォートナイト』に替えて展開しています。

『フォートナイト』は、2017年に誕生したEpic Games社が販売・配信するオンラインゲームです。クラフト要素が盛り込まれたシューティングゲームですが、全世界でのゲーム人口は5億人、月間アクティブユーザー7000万人以上という破格の規模。プレイヤー層は18～24歳が6割強という調査結果がありますが、実際にはもう少し下の年齢層も多く、さらに、その親世代も広くプレイしていると聞きます。

特筆すべきは、**単なるシューティングゲームではなく、ゲームの世界でさまざまな企画や催しが開催されていること**。たとえば、2020年9月に世界的な人気を誇るK－POPグループBTSとコラボをして、フォートナイト内でバーチャルライブイベントを開催しました。

そしていま、**フォートナイトはビジネスとしても大きなマーケットに発展**しています。じつはフォートナイトにはクリエイティブモードという建築機能があり、誰でも無料でオリジナルのゲームマップを作って遊ぶことができるのです。

現状では、マップを訪れた人数によって得られる収入が変わってくる、YouTubeの広告収入のような仕組みになっています。マップ内に看板を出すことで広告収入が得られるようにもなっていて、今後、マップ内で商品を売買できるようになれば、さらにお金の流れが生まれます。

すでに数多くの企業が参入し、PRの場として活用しています。また、企業に留まらず、町おこしの一環として利用している自治体もあります。

たとえば、熊本県のマスコットキャラクターであるくまモンが登場する「くまモン島」は、熊本県の魅力を発信するためのマップ。和歌山城をモデルにした「和歌山城マップ」では、リアルな街を再現しつつ、和歌山の観光名所を紹介する仕組みになっています。

ここに、**「鯱もなか」が名古屋マップを作り、集客をしようというのが僕の目論み**です。すでにメタバース関連の企業と業務提携をして、僕が名古屋に本社のある企業の誘致を進めており、誰もが知る大企業の参加も数社決まっています。

このような形でメタバースにも注力している「鯱もなか」ですが、いろいろと手を広げすぎているのでは？　と思われるかもしれません。しかし、ただ新しいものに闇雲に飛びついているわけではありません。

僕の狙いは3つあります。ひとつ目は、言わずもがな**「鯱もなか」の認知拡大**です。まずは名前と歴史を知ってもらうこと、先ほどもお伝えしましたが、将来的にはフォートナイト上で商品を販売することも視野に入れています。

2つ目に、**「鯱もなか」だけではなく、名古屋全体を盛り上げていく**こと。名古屋のマップを作り、そのなかに地元の企業やサービスが集えば、確実に名古屋全体の魅力を発信するツールになります。

ここで活用したいのが、フォートナイトのパルクール機能（移動する手段）です。じつは、マップ内で過去に行くこともできるのです。

たとえば、戦時中に焼け野原になった状態から名古屋の街が復興した時代へとタイムスリップすることも可能です。書物や写真集などを開かないと知ることが難しい過去の時代を、フォートナイトという仮想世界ではリアルに再現・体験できるのだとしたら、かつての名古屋を知るシニア層も興味を示してくれるのではないでしょうか。いまは子どもとその親世代がメイン層だけれども、より幅広い層が参加してみたくなるような動機づけになるのでは？　と大きな可能性を感じています。

そして3つ目は、いささか規模が大きな話にはなりますが……、**日本の未来を良くしたい**という想いがあります。

時代は、GAFAM（ガーファム・世界をリードする5社、Google・Apple・Facebook・Amazon・Microsoftの頭文字を取った呼び名）の次の世界に向かっています。そのなかで、日本もそれなりのポジションにいられるようにしなくてはいけない。日本は長らく経済成長が停滞した状態が続いており、そこから脱却していかなくてはなりません。「鯱もなか」がフォートナイトに参入して名古屋マップを作り、地元から盛り上げていけたら、日本全体が上向いていくために、ほんのわずかでも役に立てるかもしれない。そして、現在小学生の僕の子どもが成人する頃の日本が少しでも良い環境になったら、と願っています。

Furuta's style 11

現状維持で満足しない。

次世代マーケティングにも積極的に取り組む

正直、フォートナイトの話は、いまひとつ実感が湧かないという方も多いと思います。現に僕の周りの人たちに話をしても、だいたいがピンと来ていない印象です。

けれども、すでに多くのデータが示しているように、メタバース市場は確実に拡大していきます。あと5、6年経った頃、まったく違った世界になっていると予想しています。だからこそ、少しでも早く参入しておかなくては、乗り遅れてしまうのではないか。本気でそう感じているのです。

YouTubeが登場したときのことを思い出してみてください。最初は、まさかYouTubeの配信を生業にするYouTuberという職業が生まれるなんて、思いもしなかったですよね。YouTubeの動画制作、動画編集、シナリオライターといった新たな需要も生まれました。

これと同じ流れが、フォートナイトでも起こり得るとにらんでいます。だからこそ、フォートナイト上でマップを作っていくことが新しい職業のひとつになり、日本から世界に向けてどんどん広がっていけばいいなと思うのです。

ちなみにフォートナイトの運営会社Epic Gamesは、もうひとつUnreal Engineという世界でもっとも利用されているゲームエンジンも抱えており、非常に大きな力を持っている企業だという点も注目している理由のひとつです。

いまや、歴史ある老舗だったとしても、これまでと同じことだけをしていては時代の流れに乗り遅れてしまいます。新商品の開発はもちろんですが、商品をより多くの人に知ってもらい、購買に繋げていくためのマーケティングも欠かせません。

だからといって、無理をしてまで手を広げていかなくても大丈夫です。人には得手不得手があります。自分の得意分野だと思ったら、すぐさま行動に移す。苦手分野だと判断したら、得意な人に依頼をすればいいのです。常にアンテナを張っておくだけで、貴重な機会を逃しづらくなります。

挑戦、挑戦に次ぐ挑戦。新たな挑戦の先に、成功への糸口があるのです。

名古屋の魅力度＝〝名古屋肯定感〟を上げる

今回、同じように事業承継問題に直面している方、自社商品のPRに悩んでいる方に向けて僕なりのメソッドをまとめてきたのですが、その過程で、自分自身にもっと大きな夢があることに気づきました。

それは、**「名古屋自体を盛り上げていきたい」**ということです。

そもそも、名古屋は日本の三大都市のひとつでありながら、非常に魅力度が低いとされています。「東京と大阪に挟まれて独特のコンプレックスがある」などと言われたり、名古屋圏に住む人が自ら名古屋をディスったりすることが往々にしてあることが問題だと以前から考えていました。

「名古屋には遊ぶところが少ない」
「ライブやコンサートで東京と大阪公演はあるのに、名古屋だけ飛ばされる（いわゆる『名古屋飛ばし』）」
「名古屋弁は品がない」

このように、地元のことを自虐的に捉えてしまう人が少なくないんです。

それでも、ジブリパークが誕生したり、リニア中央新幹線の計画が進んでいたりと、ずいぶん状況は変わってきています。名古屋圏に住む人たちは、自分の地元に対してもっと自信を持つべきだと思うのです。

このことを僕は**「名古屋肯定感を上げる」と表現することにしました。**

自己肯定感とは、結局のところ自分自身でコントロールできるものだと思います。自分のことを肯定的に評価するのも、否定的に評価するのも、すべて自分自身で行っていること。一見コントロールできないことのように思えますが、じつは捉え方の問題であり、自己肯定感は上げていけるのです。

それは名古屋肯定感も同じで、まずは、**自分が名古屋を愛していることを隠さず、決して自虐的な表現をしないこと。名古屋のことを誇らしく語る人が増えれば、名古屋肯定感は自ずと上がっていきます。**

では、名古屋肯定感を上げるためにはどうしたらいいのか。**いまこそ、「鯱」を活用するときだ**と僕は考えます。

初代の金のしゃちほこは、名古屋の人だけでなく、全国レベルで見ても尊い存在であったはずです。1945年に空襲の際に焼失したため、現在は2代目となりましたが、変わらず地元の人に愛されています。しかし、どこかB級感が漂うような扱いをされているのが現状です。「名古屋の人は金ピカが好きですもんね」などと揶揄されたり、しゃちほこをモチーフにしたお土産も、ものすごくデフォルメされたものが多かったり。そのたびに、僕は歯がゆい思いをしています。

また、「龍」をテーマに扱うアーティストならたくさんいますが、「鯱」をテーマに活動している画家やハンドメイド作家もあまり聞きません。「鯱」だって神様のようなものなのだから、お洒落にアレンジするなど、カルチャーとして普及してもいいはずです。ひとたびカルチャーになれば、名古屋の人が「地元が好きだ!」と思える要因になります。

自虐でもなく、B級でもなく、一流のものとして「鯱」を再評価すること。そこに「鯱もなか」も何か力添えできるかもしれない。**「鯱もなか」を名古屋の定番お菓子にすることで、巡り巡って名古屋肯定感を上げる一端を担える**のではないか。

真心込めてお菓子を作り、広く販売し、全力でPRしていくことが、地元名古屋の魅力を高めていくことに直結する。そう信じています。

これからも「鯱もなか」は、全力で名古屋を盛り上げていきます。

スペシャル対談

〝名古屋肯定感〟を上げ、名古屋を盛り上げていくために いま私たちにできること

© 2024 Zest, Inc.

SKE48
中坂美祐

×

元祖鯱もなか本店
古田憲司

SNSをきっかけにご縁があり、ラジオ番組『SKE48中坂美祐の元祖鯱もなかさかラジオ』（CBCラジオ）でもお世話になっているSKE48の中坂さん。お互いに地元・名古屋が大好きということで、名古屋の好きなところやおすすめスポット、さらには、今後どのように地元を盛り上げていきたいか、タッグを組んで仕掛けていきたいこと、将来の夢までをじっくりと語り合いました。

東京にも大阪にもない名古屋ならではの魅力

（古田）僕も相当名古屋を愛していますが、中坂さんのアツい名古屋愛にはいつも驚かされます。

（中坂）本当に名古屋が大好きなんです。「鯱もなか」を最初に食べたとき、味はもちろん、しゃちほこの形が「名古屋だよ～」って感じで、一目で虜になっちゃいました。以来、うちの家族全員大ファンですし、メンバーやファンの方におすすめしまくってます。

（古田）ありがとうございます。名古屋のどこが好きですか？

（中坂）市営地下鉄かな。名古屋の地下鉄って、市内だったらどこへでも行けちゃうくらい整っていますよね。そんな地下鉄でぜひ出掛けてもらいたいのが東山動植物園。飼育されている動物の種類が日本一で、イケメンゴリラの「シャバーニ」もいます。ちなみに、私の推しはその隣にいるマンドリルです。

（古田）僕はやっぱり名古屋城。納品で毎日通ってますが、名古屋城が長年見てきた景色を内包したような、魂が宿ってる感じがするんですよね。それでいて、すごく寛容な場所。売店の中に野良猫が棲みついてたり。そんな空気感がすごく好きです。

（中坂）遠方から名古屋に来てくださる

ファンの方から、「ライブ以外行くところがない」って言われたりするんですけど、そんなことないですよね！　ホントすべてがいい街なので、名古屋の魅力をもっと訴求していかなきゃいけないなって感じてます。

（古田）地元民の僕たちが、名古屋の良いところを発信して盛り上げていかないとですよね。現状はどうしてもB級感が漂っていて、地元の人が自虐的に名古屋を下げる発言をすることもあるじゃないですか。もっと、名古屋の魅力をしっかりと伝えて、〝名古屋肯定感〟を上げていかなくてはと考えています。エンタメだってすごく盛んだし、芸どころ名古屋と言われてきたくらいですから。そんな独自の名古屋のカルチャーを、もう一段階上げていきたい。

（中坂）東京や大阪とよく比較されますけど、名古屋には名古屋の、ほかの地域にない良さがあります。別に東京の真似をする必要はなくて、むしろ古田さんがおっしゃったようなB級感こそ名古屋の良いところだなって。それを全国にしっかり伝えていけたら、もっと盛り上がるんじゃないでしょうか。

（古田）テーマパークみたいな施設の数でいうとほかの都市より少ないけれど、東山動植物園しかり、SKE48さんの曲名にもなった羽豆岬もそうだし、行ってみる意味や価値がある場所が数多くありますよね。そのことをたくさんの方に知ってもらいたいですね。

夢は「鯱もなか」映画化
ヒロインは中坂美祐!?

（古田）「鯱もなか」と中坂さんで一緒にできることもいろいろありそうですよね。

（中坂）私、鯱もなかさんのお店で一日

店長をやりたいです！　中学からSKE48に入ったので、社会人経験がないんですよ。なので、接客業をぜひやってみたい。家族がいつも大須のお店でいろんなお菓子を買ってきてくれるので、かなり詳しいですよ。それぞれのおすすめポイントもお客様にお伝えできます！　一人でも多くの人が鯱もなかさんの本店に足を運ぶお手伝いができたらいいなと思っています。

（古田）ぜひお願いします！　僕にもひとつ大きな夢があって、いつか今回の書籍の内容を映画化したいんです。実現した暁には、ヒロイン役を中坂さんにお願いしたい。

（中坂）えっ!!　そんな大役をいいんですか!?　すごくうれしいです!!　もうすぐSKE48として活動を始めて6年経ちます。アイドルとしての経験もかなり重

ねてきたので、もっともっとSKE48の中で大きな存在になっていきたいですし、グループを導く存在になっていきたい。最終目標は、バンテリンドームでライブをすることです。そこに向けて、少しずつギアを上げていかないと！　と思っていたので、映画のヒロイン役を務められるような存在になれるよう頑張ります。

（古田） もしライブが実現したら、物販コーナーに限定版の「鯱もなか」を作って販売しましょう！

SNSをフル活用して名古屋の魅力を広めたい

（中坂） 本当に、鯱もなかさんとは思わぬご縁をいただいて、こうしてお仕事をご一緒できていることに感謝です。すべての始まりはSNSでしたよね。ファンの方の投稿がきっかけで鯱もなかさんを知って、すぐに名古屋駅まで買いに行きました。

（古田） ファンの皆さんの拡散力にはい

つも驚いています。中坂さんが呟いた「鯱もなか」に関する一言が、瞬く間にリポストされてどんどん広がっていく。実際に、大須の店舗に「鯱もなか」を買いに来てくださるファンの方もたくさんいらっしゃいます。

（中坂）「明日買いに行くよ！」とか「名古屋に行ったら絶対に買うね！」とコメントしてくださる方がすごく多くて。皆さん買ったら写真入りで報告してくれるんです。

（古田）やはりＳＮＳの影響力って計り知れないですよね。名古屋が持っている本来の魅力も、ＳＮＳをうまく活用すれば一気に拡散されるはず。

（中坂）ＳＮＳでバズやムーブメントが起これば、名古屋のいいところを知ってくださる方が増えるじゃないですか。そうしたら、たくさんの人が集まってきて、名古屋全体にいい流れが来ると思うんです。そのためには、私が率先して名古屋の魅力を発信していかないと！　アイドルとしての活動はもちろんですが、「名古屋〇〇大使」みたいな地域に根付いた活動も増やしていけたらうれしいです。

（古田）もしそうなったら、名古屋肯定感が爆上がりですね。これからも中坂さんの活動を全力でサポートしつつ、「鯱もなか」が名古屋土産の定番お菓子になり、元祖 鯱もなか本店としてもっともっと大きくなるよう精進します。一緒に名古屋を盛り上げていきましょう！

おわりに

「元祖 鯱もなか本店」の看板を背負ってもうすぐ4年。振り返れば、まさに怒濤の日々でした。廃業寸前だった会社を引き継いだ当初、気持ちばかりが先行して「和菓子店を経営する」というイメージがまったく湧きませんでした。それでも、先代夫婦の想いを受け継ぎ、100年以上の歴史ある「鯱もなか」を絶やしたくない。その一心で突き進んできました。

本書では、SNSを活用した広報戦略や、さまざまな企業・アーティストとのコラボレーション、そして人脈形成のコツなど、僕なりのメソッドをお伝えしました。しかし、これらはあくまでも「鯱もなか」を軸にした話ですので、現在のご自身の状況に合わせてアレンジして実践してみてください。想いがあれば必ず実現すると信じています。

そして、本書では語り尽くせなかったことがあります。それは、僕を支えてくれている妻・花恵の存在の大きさです。店を継ぐことを決意したのも彼女がいたからこそ。日々の製造はもちろん、デザインや企画など、彼女の力なくしては今の「鯱もなか」はありません。元祖 鯱もなか本店の象徴は彼女です。仕事とプライベートの垣根がなくなったりと苦労もありますが、このプロジェクトを一緒に引き受けてくれた伴侶にこそ最大の感謝を伝えたいです。

本書の執筆中にもさまざまな出来事があり、大きな挑戦もしました。たとえば、ドリームカプセルさんで「鯱もなか」のカプセルトイ化が実現し、名古屋のソウルフード「スガキヤ」さんとのコラボも決まりました。

なかでも一番インパクトが大きかったのが、人気YouTubeチャンネル「事業再生版 令和の虎」への出演です。収録前は食事も喉を通らないような緊張感を持ちながら綿密に準備し当日を迎えましたが、最終的には悔しい結果に終わりました。ですが、このSNS時代に「やれることはなんでもやる！」という本気度は示せたのではないかと思います。この経験が今後の自分の大きな糧になったことは間違いありません。

最後に、本書の出版にあたり、多大なるご協力をいただいた関係者の皆様に心より感謝申し上げます。

Xでのひょんなやり取りからスタートし、出版まで実現してくださったワン・パブリッシング取締役社長の松井謙介さん、そしてX〝中の人〟であり編集担当の水谷映美さんをはじめ編集部、メディアリレーションチームの皆さんには大変お世話になりました。

また、快く取材に応じてくださった中坂美祐さん、大竹敏之さん、しなのさん、犬飼直利さん、野口由芽さん、じーごさんをはじめとする「鯱もなか」を支えてくださっている皆様、本当にありがとうございます。

そして何より、この本を手に取ってくださったあなたに、心からお礼を申し上げたいと思います。

今後も「鯱もなか」は、名古屋の魅力を発信し続けます。「名古屋の定番お菓子」の座を目指すのはもちろんのこと、「鯱もなか」を通じて地元名古屋を良くしていきたい。そして、未来へと繋いでいく。そんな野望を胸に秘めています。

「鯱もなか」を、そして名古屋を、これからもよろしくお願いいたします！

有限会社元祖鯱もなか本店　専務取締役
古田憲司

鯱もなかの逆襲

2024年12月7日　第1刷発行

著者　古田憲司
発行人　松井謙介
編集人　廣瀬有二
編集担当　福田祐一郎
発行所　株式会社 ワン・パブリッシング
〒105-0003　東京都港区西新橋2-23-1
印刷所　日経印刷株式会社

編集協力　水谷映美
カバーデザイン　小口翔平＋村上佑佳＋稲吉宏紀(tobufune)
DTP　アド・クレール
カバー写真　鈴木謙介
校正　株式会社フォーエレメンツ

●この本に関する各種お問い合わせ先
本の内容については、下記サイトのお問い合わせフォームよりお願いします。
https://one-publishing.co.jp/contact
不良品(落丁、乱丁)については　Tel0570-092555
業務センター　〒354-0045　埼玉県入間郡三芳町上富279-1
在庫・注文については書店専用受注センター　Tel0570-000346